Premchand Dandiya

O meu percurso em Farmacologia

Premchand Dandiya

O meu percurso em Farmacologia

ScienciaScripts

Cover image: www.ingimage.com

This book is a translation from the original published under ISBN 978-620-2-30391-0.

Publisher:
Sciencia Scripts
is a trademark of
Dodo Books Indian Ocean Ltd. and OmniScriptum S.R.L publishing group

120 High Road, East Finchley, London, N2 9ED, United Kingdom
Str. Armeneasca 28/1, office 1, Chisinau MD-2012, Republic of Moldova, Europe
Managing Directors: Ieva Konstantinova, Victoria Ursu
info@omniscriptum.com

Printed at: see last page
ISBN: 978-620-8-59008-6

ÍNDICE DE CONTEÚDOS

Capítulo 1

O meu percurso na farmacologia

P C Dandiya

Professor emérito de Farmacologia SMS Medical College, Jaipur - 302004 E-mail:pc.dandiya@gmail.com www.pcdandiya.com

Para a Universidade Hindu de Banaras

Tinha 16 anos quando deixei a minha casa no estado principesco de Jaipur, no Rajastão, e pedi admissão no recém-criado curso B. Pharm. na Universidade Hindu de Banaras, em 1943. Nenhuma outra universidade dispunha desse tipo de instalações, pelo que havia uma certa curiosidade e um certo entusiasmo com o novo ensino iniciado por M. L. Schroff, um disciplinador rigoroso. Todas as aulas na Universidade começavam às 8:00, mas o Departamento de Farmácia começava às 7:00. Os alunos eram domesticados para trabalharem muito e mais à medida que o dia avançava. Quando o dia terminava, encontrávamo-nos nos vastos parques infantis para relaxar o cansaço. O campus universitário era tão bonito que era um grande prazer passear num domingo e até caminhar até ao Ganges, que corria poderosamente na sua periferia. Eu achava que todas as universidades eram tão bem arranjadas, mas viria a saber, muitos anos mais tarde, que este campus universitário era talvez o mais bem concebido e executado do que qualquer outro no mundo. Era terrivelmente verde, colorido e romântico.

DEPARTAMENTO DE FARMÁCIA

Sir S. Radhakrishnan: Quando cheguei à BHU, o Dr. Radhakrishnan, que tinha sido nomeado cavaleiro pelo governo britânico, era o Vice-Chanceler. Naquele tempo, os Vice-Reitores de todas as universidades da Índia eram pessoas eminentes que, de uma forma ou de outra, tinham contribuído muito para o mundo académico do país. O Dr. Radhakrishnan destacava-se significativamente entre essas pessoas eminentes. Duas semanas após a minha chegada, num domingo de manhã, havia uma atividade frenética na residência e todos se preparavam para assistir à conferência sobre o Gita[(1)] proferida pelo Vice-Chanceler. Este tipo de eventos só se realizava seis a oito vezes por sessão académica. O Dr. Radhakrishnan entrou pontualmente à hora marcada, falou alguns shlokas em sânscrito e depois durante 50 minutos em inglês. Ninguém se mexeu durante este período. Admirei a sua eloquência, linguagem e erudição, que eram hipnotizantes. As suas frases e epigramas como "quando o pavio está a arder na ponta, toda a lâmpada está a arder" deixaram uma impressão para toda a vida. Professores e estudantes da universidade utilizavam-nas repetidamente nas suas conversas e escritos. Nas suas palestras, sublinhava a sabedoria das palavras escritas no Gita e a sua relevância na época contemporânea. Mais tarde, fiquei a saber que a única outra pessoa que podia falar tão eficazmente sobre a religião hindu era Pt. Madan Mohan Malviya, o fundador da BHU. Em retrospetiva, senti que nós, que éramos estudantes nessa altura, tivemos sorte em ter estes gigantes académicos à frente dos assuntos da Universidade.

Pandit Madan Mohan Malviya: Um homem muito culto que fundou a universidade em 1916, falava fluentemente hindi, inglês e sânscrito, as três línguas, guiava os destinos dos compatriotas e exortava os estudantes a trabalharem arduamente, a viverem com simplicidade, a pensarem bem e a serem amáveis para com todos. Incutiu em nós a alegria de trabalhar para o país, procurar a independência dos britânicos e levá-lo a novos patamares como os países mais desenvolvidos do Ocidente, mas mantendo "valores indianos" na nossa vida quotidiana.

Em 1946, terminei o curso de B.Pharm. e inscrevi-me no M.Pharm. Nessa altura, não havia cursos para este grau e era necessário fazer um projeto de investigação, apresentar a tese e esperar pelo resultado. Sentia-me aliviado por não ter de fazer mais exames. Trabalhar no laboratório era um prazer. Basu, o meu orientador, pediu-me para isolar os princípios activos de dois medicamentos ayurvédicos, *Prernna integrifolia* (Arni) e *Convolvulus pluricaulis* (Sankhpushpi). O trabalho parecia simples, mas achei-o demasiado moroso. O curso tinha a duração de um ano, mas não foram muitos os que o concluíram neste período mínimo estipulado. Alguns tinham demorado dois ou mais anos. Eu não podia pagar.

A Prernna integrifolia tinha muitos alcalóides, mas o problema é que não cristalizava. Sem cristalização, não é possível obtê-lo no estado puro. Quase todos os alcalóides, como a morfina, o quinino, a estricnina, a hioscina, a hiosciamina e muitos outros, são insolúveis em água e precipitam quando passam de uma solução de solvente orgânico para água. Mas há alguns alcalóides raros, como a cafeína do chá ou do café, que são solúveis em água e não se precipitam desta forma. A premnina, que acabei por isolar, era desta natureza e abordei-a como mostra o tratado do autor alemão Rosantheler. Nessa altura, os ingleses, em comparação com os alemães, estavam atrasados no que diz respeito ao isolamento de substâncias cristalinas a partir de material vegetal. Ainda hoje, quase seis décadas depois, os alemães e os japoneses estão à frente dos americanos, britânicos ou franceses nesta tecnologia.

Pode surpreender as pessoas o facto de, devido ao incentivo e persuasão excessivos do meu professor N.K. Basu, eu ter conseguido publicar dois artigos de investigação em 1947, um sobre *Convolvulus pluricaulis* e outro sobre *Prernna integrifolia*, no American Journal of Pharmaceutical Sciences. Estes trabalhos fizeram com que, pouco tempo depois, fosse selecionado como professor de farmacologia no recém-inaugurado S.M.S. Medical College e transformaram-me num farmacologista.

No S.M.S. Medical College, aqui, para além de ensinar os estudantes de medicina, tive de resolver um problema grave de indisponibilidade de fluidos intravenosos para os doentes, como já tinha sido feito no Ocidente. A única pessoa que encontraram e que lhes podia fornecer a mercadoria era eu, pois tinha a formação de base e a inclinação para o fazer (como mais ninguém tinha). Eu tinha então 22 anos, o meu chefe, o Professor de Farmacologia, Dr. R.B. Arora, tinha 31. O Dr. Arora era um grande entusiasta da investigação com pouca experiência e em mim encontrou alguém que tinha alguma (e muito útil) formação em metodologia de investigação. Eu, com ele, fui para essa matança até 1956, quando parti para o ensino superior em Toronto. O objetivo de investigação de Arora e o meu eram completamente diferentes, pelo que a nossa separação funcionou maravilhosamente bem. Quando regressei de Toronto, ele já tinha deixado a nossa Faculdade de Medicina e ocupava um lugar no recém-criado All India Institute of Medical Sciences, em Deli.

Para a Universidade de Toronto

Em 1959, uma bolsa do Plano Colombo levou-me para Toronto, onde estudei na Universidade de Toronto durante 3 anos. Era uma universidade antiga, fundada em 1827, e o Departamento de Farmacologia foi criado em 1887, aquando da criação da Faculdade de Medicina. Era um departamento famoso na América do Norte. Henderson, o Professor, foi um dos fundadores da disciplina de "Farmacologia Experimental" e trabalhou lá até 1945. Henderson foi responsável por uma das mais famosas descobertas da medicina, ou seja, a identificação, isolamento e purificação da insulina no departamento congénere de Fisiologia, por Banting e Best, que receberam o Prémio Nobel pelo seu trabalho em 1923. Assim, de repente, aterrei num local e num ambiente que se tornaram famosos em todo o mundo.

Trabalhei lá no *Acorus Calamus* (Ugragandha) com os Professores H. Cullumbine e E. Sellers. Mais tarde, W. Kalow teve muito a ver comigo. Kalow era 12 anos mais velho do que eu e tornámo-nos amigos. Em breve se tornaria o descobridor de uma nova disciplina, ou seja, "Farmacogenética" em Farmacologia, tornando-se assim um homem famoso. Nos últimos anos, visitava-me regularmente na Líbia e na Índia. Alguns dos meus colegas de trabalho, como o Dr.

J.S. Bapna, também se tornaram próximos dele.

A Universidade tinha excelentes faculdades, departamentos, centros de investigação, museus e parques infantis, mas o que mais me atraía era a Hart House, doada por um filantropo há muito tempo. Aqui, nesta casa, podia-se tomar as refeições, nadar, fazer exercício e tocar todo o tipo de instrumentos musicais. Era um centro de teatro para a cidade de Toronto. Tinha óptimas instalações recreativas. No meu tempo, não se serviam bebidas alcoólicas, mas agora há vinho e cerveja. No meu tempo (1956-59), as mulheres não eram autorizadas a entrar no edifício, mas agora está aberto a elas.

Quando se realizavam os exames, era dado um questionário para responder, mas não havia vigilantes para o supervisionar e vigiar. Era surpreendente. Enquanto a minha passagem pela Universidade Hindu de Banaras me preparou para me tornar um bom e patriótico cidadão da Índia, a minha estadia na Universidade de Toronto durante aqueles três anos inflamou o meu desejo de fazer algo de grande não só pelo meu país, mas por toda a humanidade.

Para a Universidade de Londres

Mais tarde, tive a sorte de ir para outras universidades. De entre muitas, gostaria de mencionar a Universidade de Londres (Reino Unido) em 1976. Os seis meses em que lá estive como professor visitante foram memoráveis, na medida em que fizeram um excelente trabalho de investigação, apesar de trabalharem em laboratórios muito cheios. Os professores não dispunham de gabinetes impressionantes nem de secretárias de grande aspeto, mas a qualidade do trabalho era soberba. A Dra. Hannah Steinberg, com quem eu trabalhava e partilhava o seu gabinete, manifestou-me o desejo de tirar duas semanas de férias se eu concordasse em acompanhar o trabalho na sua ausência (que estava a decorrer nos seus famosos laboratórios nessa altura). Era uma grande responsabilidade, pois tinha de injetar os animais à meia-noite todas as noites durante a sua ausência e fazer leituras todas as manhãs e noites. Foi um grande desafio, mas imensamente gratificante.

Outra coisa que me surpreendeu foi o facto de os professores almoçarem num grande salão de banquetes, onde era servido um almoço de quatro pratos. Claro que se pagava. O estilo real dos britânicos tinha-se desvanecido, mas não tinha desaparecido completamente.

Para Beerse (Bélgica)

Quando me desloquei ao Reino Unido em 1969 para uma conferência, conheci um jovem, Paul Janssen, que por acaso pertencia à Bélgica. A seu convite, fui visitar o seu laboratório de investigação em Beerse (Bélgica). Tinha ido lá por dois dias, mas tudo à volta era tão interessante que acabei por ficar 15 dias. Ele tinha descoberto uma série de anti-helmínticos e tinha acabado de introduzir no mercado o haloperidol, um novo neuroléptico que rapidamente substituiu a omnipotente clorpromazina e se tornou um medicamento muito popular nos anos 70-80[i]. Nunca tinha visto tanta coisa a acontecer debaixo do mesmo teto: síntese de novos compostos, o seu rastreio farmacológico, ensaios clínicos, desenvolvimento de formas de dosagem e fabrico à escala comercial e quase tudo para exportação. Uma vez, em 1976, ele veio à Índia e eu encontrei-me com ele em Bombaim. Apanhámos os dois um voo para Jaipur, onde ele ia dar uma palestra sobre as suas descobertas ao corpo docente do SMS Medical College, mas o avião teve um problema mecânico e aterrou em Udaipur no caminho. Com a ajuda do Dr. K.P. Singh, que era o Diretor do Departamento de Farmacologia da Faculdade de Medicina de Udaipur, consegui organizar a sua palestra nessa cidade. Paul e eu tornámo-nos bons amigos e costumávamos encontrar-nos em muitos locais na Europa e ele visitou-me em Jaipur várias vezes. Entre os muitos medicamentos que descobriu na Janssen Pharmaceutica, vale a pena mencionar os seguintes. O Haloperidol (1959), o Trifluperidol (1961), o Droperidol (1963), a Pimozida (1970), o Mebendazol (1972) e o Astemizol (1973), todos concebidos e lançados num laboratório privado, contribuíram muito para a ciência, a indústria e os cuidados de saúde. Morreu em 2003 e foi uma perda muito pessoal. Aprendi muito na pequena localidade de Beerse, num pequeno país, a Bélgica.

Ao Collegium Internationale Neuro-Psychopharmacolgicum

PRAGA 1970: Em 1962, tinha-me tornado um farmacologista ativo, participava em reuniões em muitos locais na Índia e no estrangeiro, mas a minha ligação ao Collegium Internationale Neuro- psychopharmacolgicum (CINP) teve de esperar alguns anos. Embora o CINP tenha sido fundado em 1957, só fui eleito membro em 1969 e a primeira conferência anual do CINP a que assisti foi em 1970, em Praga. Durante a minha estadia em Praga, conheci H.E. Lehmann, na altura Presidente do CINP, e vários outros neuropsicofarmacologistas. No geral, foi uma experiência estranha para mim estar em Praga, a capital da Checoslováquia. Viviam num regime comunista em que todos os bens comuns eram escassos. Tentaram cuidar de nós o melhor que puderam, mas havia uma falta absoluta de instalações e até a escassez de alimentos era comum. Apesar de 2000 cientistas de 48 países terem participado na conferência, os preparativos para a apresentação de comunicações foram fracos. Este país tinha uma grande tradição de sintetizar novas drogas psicotrópicas e utilizava muitas que não tinham sido aceites pelos países ocidentais. Desenvolveram o seu próprio sistema de realização de ensaios clínicos. Os estudos bioquímicos, os estudos de ligação aos receptores eram mais intensos e eram realizados lado a lado com a eficácia dos medicamentos, mostrando claramente o carácter interdisciplinar da psicofarmacologia na Checoslováquia. O Professor Votava, o presidente, era um grande entusiasta. Tomou conta de mim pessoalmente, pois eu era o único delegado da Índia. Depois de terminada a conferência, levou cerca de 40 delegados, entre os quais eu, a uma festa num barco no rio Vitava, onde, para nossa surpresa, não faltou boa comida e bom vinho. Obviamente, Votava utilizou os seus contactos com os membros do governo que o encorajaram a convidar uma conferência desta envergadura num país empobrecido que já foi a joia da Europa.

Falei sobre "A prática da canábis na Índia" e: "A influência dos antidepressivos e da difenidramina, isoladamente e em combinação com estimulantes e alucinogénios C.N.S. em ratos em circunstâncias especiais". Este último foi publicado na sua própria revista Pharmakopsychiatric Neuro-Psychopharmacology. 3L394- 354,1970.

Nos últimos anos, continuei a participar nas conferências realizadas em Copenhaga em 1972, Paris em 1974 e Quebeque em 1976.

PARIS 1974: Desde há muitos anos que se realizava em Paris um trabalho de investigação considerável no domínio da neuropsicofarmacologia. J.R. Boissier e PSimon, com quem eu tinha trabalhado em Paris em 1972 durante 3 meses, tinham feito um trabalho notável nesta área, tanto em farmacologia experimental como em ensaios clínicos, pelo que a conferência do CINP em Paris, em 1974, tinha para mim uma atração especial. O Dr. S.K. Kulkarni, meu antigo aluno, tinha também trabalhado neste laboratório como bolseiro de pós-doutoramento.

O programa científico abrangeu um vasto leque de temas e foi preparado por um comité presidido pelo farmacologista J.R Boissier, tendo como membros L.E Hollister, N Matussek, O.Rafaelsen e Sir Martin Roth. A organização local esteve a cargo de P. Pichot e contou com o apoio enérgico dos membros franceses do CINP (em particular de PSimon de Paris). O congresso teve lugar no "Palais des Congres" em Porte Maillot, na altura um dos mais modernos centros de conferências para grandes reuniões científicas na Europa. O espaço era suficiente para acolher o vasto programa científico do congresso "aberto": 12 simpósios - 2 sessões especiais semelhantes a simpósios - cerca de 350 apresentações em plataforma - e, pela primeira vez num congresso da CINP, 60 posters.

O Dr. Hippins foi o presidente e, pela primeira vez, foi publicado um volume de 1000 páginas pela Excerpta Medica. O Dr. K.PBhargava, de Lucknow, também esteve presente da Índia, embora só o tenha visto no último e quarto dia da conferência. Assisti a um simpósio sobre a toxicodependência: New Models, New treatments using Methadone", que foi interessante e muito educativo.

QUEBEC 1976: Foi um acontecimento muito especial. O Congresso realizou-se em 1974 em Paris, uma cidade francesa. O seguinte foi novamente no Quebeque (Canadá), uma cidade perfeitamente francófona, onde o inglês não era compreendido. Não era de todo bem-vindo. O meu colega Dr. J.S. Bapna também foi comigo e foi recebido com hostilidade assim que chegou à cidade, percorrendo todo o caminho por estrada. Apesar de ter passado 3 anos no Canadá, esta foi a primeira vez que fui ao Enclave Francês no Canadá. É claro que as deliberações do Congresso foram em inglês e o Dr. B Deniker, o presidente, e o Dr. H Hollister, o presidente eleito, falavam ambos inglês. Falei sobre "A apomorfina é um agente indutor de estereotipia? O 10º Congresso do CNIP, realizado na cidade do Quebeque, marcou uma etapa importante na história do CNIP, pois foi a primeira reunião com actas publicadas em dois volumes. As actas dos primeiros seis congressos foram publicadas pela Elsevier e as actas das reuniões posteriores foram publicadas pela Excerpta Medica. A partir da altura do Congresso do Quebeque, não foi possível incluir todas as comunicações num único volume. Além disso, desde 1978, o CNIP não tinha uma publicação regular.

Na altura deste último Congresso do CNIP, a psiquiatria biológica tinha adquirido uma importância considerável. Este novo tipo de psiquiatria tinha as suas próprias organizações. Algumas delas pertenciam à Federação Mundial das Sociedades Nacionais de Psiquiatria Biológica.

Para a Universidade Al-Fatah

Em 1978, mudei-me para Tripoli (Líbia) para uma missão de 4 anos com o objetivo de criar o Departamento de Farmacologia da Faculdade de Medicina. Esta universidade estava situada perto do mar Mediterrâneo e era possível ver os navios a passar e a chegar ao porto. Foi uma missão difícil, em que tive de quebrar a barreira linguística e dar aulas em inglês e gerir os professores recrutados de vários países, por exemplo, Polónia, Canadá, Egito, Índia e Bangladesh. Mas as coisas correram maravilhosamente bem. Nunca faltaram fundos. Podia-se comprar tudo, até um elefante, desde que não fosse a uma organização judaica. Os alunos, embora fracos em inglês, aprendiam muito bem, melhor do que eu tinha tido oportunidade de ensinar em qualquer outro sítio. Muito rapidamente conseguimos criar um laboratório de Farmacologia Experimental de primeiro nível. Para professores e examinadores de curta duração, conseguimos arranjar professores de todo o mundo, incluindo do Reino Unido, Canadá, Estados Unidos e outros países europeus. Os meus amigos W. Kalow e Gordon Johnson, do Canadá, e o Dr. Pushkar Kaul, dos EUA, deslocaram-se várias vezes ao local.

Regresso à minha Alma Mater; Universidade Hindu de Banaras

Em 1982, numa manhã, recebi um telefonema do Dr. Iqbal Narain, Vice-Reitor da Universidade Hindu de Banaras. Ele queria que eu assumisse o cargo de Professor e Diretor do Departamento de Farmácia na Universidade. O convite da minha Alma Mater para assumir um cargo depois de a ter deixado e de ter estado ausente durante 37 anos foi simultaneamente uma emoção e um desafio. O departamento mais antigo do país, criado em 1932 e que durante 60 anos produziu especialistas farmacêuticos para todo o país, tinha entrado em desordem e precisava de uma transfusão de sangue para rejuvenescer. Quando lá cheguei, consegui recrutar vários investigadores muito competentes de todo o mundo como professores e o programa de ensino e as actividades de investigação foram reactivados. O programa de doutoramento foi alargado e intensificado. A atividade académica recuperou tão rapidamente que, em 1983, 20 investigadores do departamento apresentaram comunicações em várias conferências no país e no estrangeiro. Além disso, fui nomeado Pró-Vice-Chanceler (Reitor). O Vice-Chanceler, Dr. Iqbal Narain, deixou a Universidade e eu assumi o cargo de Vice-Chanceler em exercício, tendo sido obrigado a sentar-me na cadeira outrora ocupada pelo grande Pandit Madan Mohan Malviya, o fundador da Universidade, e por Sir S. Radhakrishnan, a famosa autoridade em matéria de religião hindu e de Gita e meu antigo mentor, que mais tarde se tornou Presidente do país.

Dei assim por mim a devolver à grande Universidade que fez de mim aquilo que eu era, um pouco da minha contribuição numa altura em que ela mais precisava. Foram, de facto, 2 anos e meio muito gratificantes da minha vida na Universidade Hindu de Banaras, a minha Alma Mater.

Para a Universidade de Hamdard

Em 1984, fui colocado como professor convidado da Universidade de Deli para trabalhar no Centro de Investigação de Hamdard. O objetivo era criar uma Universidade da Saúde em Hamdard. Hakim Abdul Hamid, o fundador, que eu conhecia há muito tempo, era um educador devoto e um filantropo e encorajou-me a criar um departamento de farmacologia de alto nível onde se pudesse fazer investigação avançada. Os fundos eram abundantes e era possível adquirir todo o tipo de equipamento. Não só criámos a Universidade Jamia Hamdard, como também pudemos iniciar um programa de doutoramento em Farmacologia, o primeiro do género na região. Os primeiros 3 estudantes de doutoramento desta universidade, agora plenamente estabelecida, foram aqueles que orientámos no nosso programa. Foram eles K Sharma, Shanti Pal e Mohammad Nadeem.

Para a China e a Universidade de Pequim

Uma manhã, quase do nada, recebi um convite do Professor Liu da Universidade Farmacêutica de Nanjing para ser professor visitante com eles no verão de 2005. Estava tão habituado a viajar pelos Estados Unidos, Canadá e Europa que este convite me deixou muito entusiasmado. Um país oriental onde a língua não era europeia, as pessoas tinham uma forma diferente e a sua cor era amarela, com os olhos apenas meio abertos, era completamente desconhecido. Voei para Pequim, onde fui recebido por uma rapariga que falava inglês, Suzanne, que viajou comigo durante a noite para a estação ferroviária de Nanjing, onde fui recebido pelo Professor Liu e mais dois professores. A minha primeira palestra na Universidade foi depois do almoço. Cerca de 150 membros de um corpo docente de 560, assistiram a e eu falei com a ajuda de diapositivos Power Point. O Professor Liu traduziu a minha intervenção em chinês. Depois da palestra, surgiram cerca de meia dúzia de perguntas. Ninguém perguntou uma segunda vez. Talvez tivessem ensaiado apenas uma a uma num inglês aceitável. Isto continuou durante três dias, quando fui levado a outras universidades das cidades vizinhas. Em todos os lugares, a palestra era seguida de um grande jantar, com a presença de cerca de uma dúzia de professores. Também fui levado a algumas casas farmacêuticas onde os cientistas se encontraram comigo. Foi uma experiência fantástica. O seu desejo de me mostrar as redondezas, tanto as pessoas como os monumentos antigos, era intenso.

Com o Professor Liu em Nanjing

Passados alguns meses, recebi novamente um convite, desta vez para participar na reunião anual da Sociedade Farmacológica Chinesa em Dalian, no nordeste da China. A Universidade de Dalian tem o maior centro de ensino pós-graduado em Farmacologia na Faculdade de Medicina. Também falavam um pouco de inglês. Na conferência, todos utilizaram o Power Point e diapositivos bilingues, pelo que foi mais fácil para mim. Dos 20 estudantes pós-graduados, 18 eram raparigas, cada uma queria ir para os EUA ou Canadá para prosseguir os estudos. Estas tinham um grande apetite por álcool e conversas. No último dia, tirámos uma fotografia de grupo com os 650 delegados, todos chineses e alguns expatriados dos EUA e do Canadá. Nesta fotografia, fui obrigado a sentar-me ao lado do Convidado Principal, o Controlador Geral de Medicamentos da China, Dr. Ho Chin. Esta fotografia está exposta em no meu gabinete na Faculdade de Medicina da S.M.S. Dois anos mais tarde, li na primeira página do Times of India que o Dr. Ho Chin, da China, tinha sido executado, por ter sido considerado culpado de permitir a venda no mercado de um lote de ampicilina de qualidade inferior a troco de uma determinada quantia. Ele ainda estava sentado ao meu lado na sala do meu gabinete. Imaginem!

Capítulo 2

Contribuições para a psicofarmacologia

Evolução histórica

A era psicofarmacológica começou a 19 de janeiro de 1952, quando a clorpromazina foi administrada pela primeira vez a um doente psiquiátrico em Val-de-Grace, o famoso hospital militar em Paris. A partir de Val-de-Grace, a terapia com clorpromazina em psiquiatria percorreu o hospital psiquiátrico de França no espaço de um ano, ou seja, de 1952 até à primavera de 1953, a "revolução psicofarmacológica" estava bem encaminhada em toda a Europa continental. A primeira publicação americana sobre a clorpromazina apareceu em fevereiro de 1954 e, um ano depois, as primeiras publicações australianas e russas também foram publicadas.

Após a introdução da clorpromazina na prática clínica, muitos fármacos psicoactivos com propriedades farmacodinâmicas distintas foram sintetizados e testados quanto à sua utilidade na esquizofrenia. Assim, em breve surgiria uma nova disciplina, a Psicofarmacologia. Nas décadas seguintes, a ciência deixou de se limitar aos fármacos e passou a descobrir agentes psicotrópicos com base nos receptores. A descoberta dos receptores de dopamina no cérebro abriu caminho para a psico-neurofarmacologia moderna. Talvez esta seja uma área da gestão clínica em que os neurocientistas e os clínicos trabalharam em estreita colaboração na resolução da fisiopatologia da esquizofrenia.

O Collegium Internationale Neuro-Psychpharmacologicum (CINP) foi criado em meados da década de 1950. Iniciado em Milão, Itália, na primavera de 1957, e inaugurado no outono do mesmo ano, o CINP transformou-se rapidamente numa plataforma global para a divulgação de novas informações, que se acumulam rapidamente, no domínio da investigação neuropsicofarmacológica.

Durante os últimos 50 anos, os agentes psicofarmacológicos ajudaram a desvendar não só a forma como estes medicamentos actuavam, mas também a química cerebral, a transmissão neuronal e os seus correlatos comportamentais. Estas descobertas inovadoras contribuíram grandemente para a transformação da psiquiatria de uma disciplina descritiva numa disciplina experimental. As perturbações mentais são agora melhor compreendidas e tratadas. Com o progresso exponencial da ciência, nomeadamente das neurociências, aumentou o fosso entre a neurociência fundamental e a sua aplicação clínica.

Penso que o CINP tem de desempenhar um papel fundamental para colmatar esta lacuna. Se a psicofarmacologia clínica tem de progredir, a indústria farmacêutica e o meio académico têm de se aproximar neste objetivo.

Entrei na psico-neuro-farmacologia com o meu trabalho sobre *Acorus calamus* na Universidade de Toronto em 1956-1959 e, mais tarde, com o trabalho sobre Asarone em Jaipur 1959-1969. Em 1961, tinha-me tornado um farmacologista ativo, participando em reuniões em muitos locais na Índia e no estrangeiro, mas a minha ligação ao CINP teve de esperar alguns anos. Embora o CINP tivesse sido fundado em 1957, só em 1969 fui eleito membro e a primeira reunião do CINP em que participei foi em 1970, em Praga, onde apresentei duas comunicações: sobre "Estimulantes do SNC e alucinogénios em ratos em circunstâncias especiais" e "A prática da canábis na Índia". Durante a minha estadia em Praga, conheci H.E. Lehmann, na altura presidente do CINP, e vários outros neuropsicólogos, incluindo PA. Janssen, da Bélgica, que me convidou a visitar os seus laboratórios em Beerse. Posteriormente, recebi uma bolsa da Organização Mundial de Saúde (OMS) e visitei os laboratórios de J. R. Boissier e 1? Simon em Paris, O.J. Rafaelsen em Copenhaga, I. Munkvad e J. Scheelkruger em Roskilde (Dinamarca) e Hannah Steinberg em Londres, respetivamente. Estas visitas, a troca de ideias e as relações científicas foram enriquecedoras para toda a vida em termos de novos desenvolvimentos no meu laboratório em Jaipur.

Contribuições para a psicofarmacologia: *Acorus calamus*, **Asarone e agentes relacionados, e estudos sobre comportamento estereotipado**

Em 1987, fui convidado a proferir a prestigiada Oração Sir Ram Nath Chopra pela Sociedade Farmacológica Indiana. Foi uma grande honra, tanto mais que tive o privilégio de trabalhar nos seus laboratórios em Jammu e Srinagar em 1952. Aproveitei a oportunidade para falar do nosso trabalho sobre o *Acorus calamus, a asarona* e outros agentes psicofarmacológicos e estudos sobre o comportamento estereotipado. As páginas seguintes descrevem-nos sucintamente.

Ao entrarmos no século XXI, muitos se perguntam qual será o destino das drogas de origem vegetal no próximo século. Antes de fazer uma suposição, podemos fazer uma avaliação do que aconteceu a estes medicamentos nos séculos XVIII, XIX e XX. Não há dúvida de que os médicos dos sistemas de medicina Ayurveda e Unani continuam a depender largamente destes medicamentos, apesar do aparecimento de uma tão grande variedade de drogas sintéticas. A

Farmacopeia Britânica de 1932 tinha monografado 46 drogas brutas de origem vegetal e em 1980 ainda tinha 43. Neste período de 48 anos, foram suprimidas 17 drogas e acrescentadas 13.

O período de 1932 a 1980 foi o de maior atividade na introdução de novos medicamentos, quase sempre de origem sintética. No entanto, tendo em conta os efeitos secundários indesejáveis de muitos medicamentos sintéticos, existe um sentimento de que a utilização de medicamentos de fontes naturais deve ser incentivada. Este sentimento foi reforçado pela recente introdução na medicina moderna de produtos derivados do Guggul (*Commiphora mukul*) na Índia e do Ginseng (*Panacis japonica*) na China. Daqui se pode deduzir que talvez também no século XXI a importância dos medicamentos de origem vegetal possa manter-se ao nível atual. É claro que não se pode garantir que não venha a aumentar.

Acorus calamus

As drogas de origem vegetal podem ser divididas em duas categorias: (i) as que têm acções farmacodinâmicas potentes e são curativas por si só e são essencialmente drogas primárias; (ii) em que o papel farmacodinâmico pode não ser claro, mas são utilizadas como drogas secundárias ou como adjuvantes e veículos. Um desses medicamentos pertencentes ao primeiro grupo utilizado regularmente no sistema de medicina indígena é o Ugragandha (Vacha) ou *Acorus calamus* e não é completamente desconhecido dos entusiastas da medicina popular do Ocidente.

As raízes e os rizomas da planta têm um odor aromático muito forte e têm sido utilizados como sedativo nervoso e antiespasmódico. Descobriu-se que um extrato alcoólico da droga possui propriedades sedativas, analgésicas ligeiras e de redução da pressão arterial. Mais tarde, percebeu-se que a atividade era mais potente no óleo volátil da droga que, em pequenas doses, podia produzir a resposta observada com o extrato e, ao mesmo tempo, potenciava a hipnose barbitúrica e exacerbava a convulsão induzida por metrazol e impedia a contração induzida por acetilcolina, histamina e bário. Pouco tempo depois, conseguimos separar dois princípios activos, ou seja, α e β asaronas, que são isómeros trans e cis, respetivamente, de 2, 4, 5-trimetoxil- propenil benzeno (1, 2, 3).

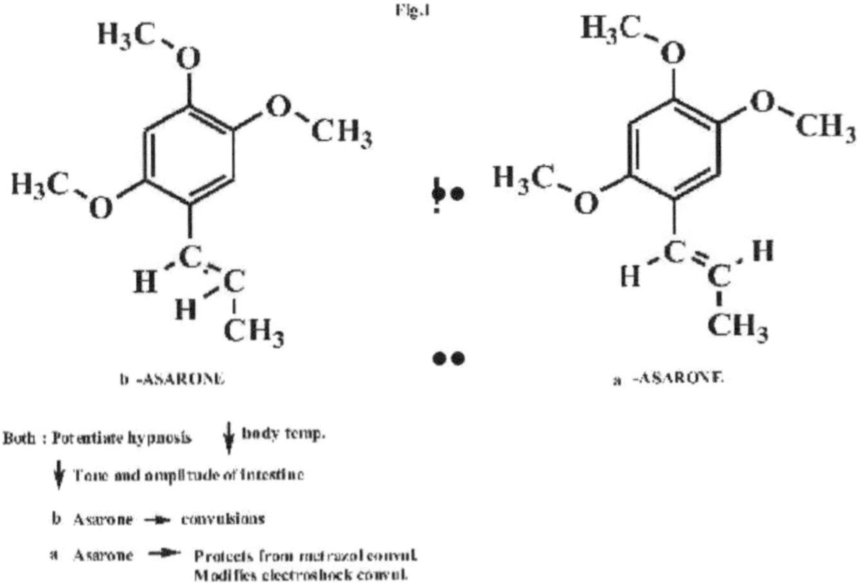

Um estudo das acções farmacodinâmicas destas substâncias naturais revelou que estes dois estereoisómeros tinham algumas propriedades em comum, mas outras muito diferentes (4). Adivinhámos que, do ponto de vista da potencialidade clínica, a asarona era uma substância mais interessante. Um estudo pormenorizado das propriedades farmacodinâmicas da asarona exigiu que esta fosse comparada com a clorpromazina e a reserpina. Isto é mostrado na Tabela 4.

Na sua essência, a asarona pode ser comparada à clorpromazina, tanto em termos de potência como de natureza de ação. Em algumas das propriedades, diferia da clorpromazina, mas assemelhava-se à reserpina. Apenas numa propriedade diferia completamente da clorpromazina, ou seja, a ação nauseante (5, 6, 7 e 8) que provocava em doses mais elevadas.

Quadro 1

COMPARISON OF PHARMACOLOGICAL ACTIONS OF ASARONE WITH RESERPINE AND CHLORPROMAZINE

S. No.	*Effects on*	*Asarone*	*Reserpine*	*Chlorpromazin*
1.	Spontaneous activity in rats, mice and monkeys	Reduction	Reduction	Reduction
2.	Barbiturate hypnosis	Potentiation	Potentiation	Potentiation
3.	Behaviour of cats, monkeys	Taming	Taming	Taming
4.	Fighting behaviour of mice	Suppression	Suppression	Suppression
5.	Amphetamine toxicity in aggregated mice	Protection	Protection	Protection
6.	Conditioned avoidance response	Specific blockade	Specific blockade	Specific blockade
7.	Choice discrimination behaviour	Anxiety reduction	Anxiety reduction	Anxiety reduction
8.	Rectal temperature	Hypothermia	Hypothermia	Hypothermia
9.	LSD-25-induced hyperthermia	Antagonism	Antagonism	Antagonism
10.	Electro-convulsions	Protection (?)	Facilitation	Facilitation(?
11.	Iproniazid-treated mice	Sedation	Stimulation	Sedation
12.	Brain 5-HT level	No change	Reduction	No change
13.	Hyperactivity due to:			
	(a) LSD-25	Antagonism	Antagonism	Antagonism
	(b) Methylphenidate	Antagonism	Antagonism	Antagonism
	(c) *d*-Amphetamine	Antagonism	Antagonism	Antagonism
	(d) Imipramine	Partial antagonism	Antagonism	—
	(e) Mescaline	Antagonism	Reduction(?)	Antagonism
14.	Adrenal ascorbic acid	Depletion (with large doses)	Depletion	Depletion
15.	Stress-induced adrenal ascorbic acid depletion	Prevention	Prevention	Prevention
16.	Stress-induced adrenal adrenaline depletion	Prevention	Prevention	Prevention
17.	Stress-induced brain neurohormonal changes	Prevention	Prevention	Prevention
18.	Tremorine-induced tremors	Partial protection	Partial protection	Partial protection
19.	α-Methyl tyrosine treated animals:			
	(a) Pentobarbitone hypnosis	Further potentiation	Further potentiation	Further potentiation
	(b) Conditioned avoidance response	do	do	do
	(c) Rectal temperature	do	do	do
20.	Blood pressure	Hypotension	Hypotension	Hypotension
21.	Smooth muscle contractions induced by:			
	(a) Acetylcholine	Antagonism	Antagonism	Antagonism
	(b) Histamine	Antagonism	—	Antagonism
	(c) 5-Hydroxytryptamine	Antagonism	Antagonism(?)	Antagonism

Rapidamente se percebeu que algumas das semelhanças entre a asarona e a reserpina se deviam à presença da fração trimetoxi na reserpina.

Fig-2

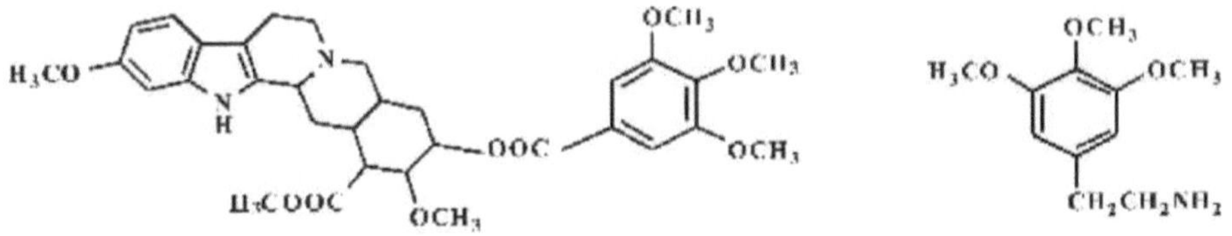

RESERPINE MESCALINE

Derivados trimetoxilados da asarona

Verificou-se que a asarona possui propriedades tranquilizantes potentes, semelhantes às da reserpina ou da clorpromazina, mas tem uma semelhança considerável na sua estrutura com a mescalina, que é também um derivado trimetoxi. As duas substâncias têm tipos de ação farmacológica opostos. Este fenómeno intrigante levou-nos a explicar a diferença com base na teoria das orbitais moleculares. Para investigar este fenómeno, foram sintetizados vários derivados trimetoxilados.

Quadro 2

Trimethoxy benzene derivatives synthesized in our laboratory

Amides	Hydantoins
Anilides	Hydrocarbons
Azlactones	Nitro-styrenes
Benzamides	Oxaolines
Cinnamides	Tetrazoles
Esters	Thiohydantoins

A análise farmacológica destes derivados revelou que a posição do grupo metoxi no anel benzénico, bem como a insaturação na cadeia lateral, desempenham um papel importante na manifestação da atividade depressora do SNC.

Os estudos de difração de electrões e os dados relativos ao momento de dipolo mostraram que um grupo metoxi, ligado ao anel benzénico, não é retilíneo como o -O-CH2, mas o grupo metilo está desviado num ângulo de 720 em relação ao eixo da ligação C-O entre o oxigénio do grupo metoxi e o carbono do anel benzénico; também é possível uma rotação livre ao longo da ligação C-O, pelo que o grupo metilo pode rodar no eixo C-O (Fig.3) e pode sair do plano do anel de benzeno, mas como se conjuga com o anel de benzeno, dando origem a diferentes híbridos ressonantes, mantém-se estável no plano do anel de benzeno.

Fig. 3

No caso da mescalina, existem três grupos metoxi substituídos vicinalmente e é bem possível que o grupo metoxi na posição 4 seja torcido para fora do plano da molécula, rodando no eixo da ligação C-O devido ao impedimento estérico exercido pelos outros dois grupos metoxi volumosos substituídos em posições orto. A inibição estérica da ressonância resulta na diminuição do número de estruturas de ressonância e diminui o poder de repulsão eletrónica deste grupo e também o grau de conjugação aromática também resulta na diminuição da densidade eletrónica no Cl é provavelmente diretamente proporcional à potência depressora do SNC. Este ponto de vista foi ainda apoiado pelo facto de a remoção do grupo metoxi na posição 5 da mescalina ter resultado numa perda de 50% da atividade estimulante.

Asarone e outros agentes psicofarmacológicos e comportamento estereotipado

Uma propriedade que a asorona possui, juntamente com outros fármacos neurolépticos do grupo das fenotiazinas, é a de antagonizar o comportamento estereotipado induzido pela apomorfina. Os comportamentos estereotipados (SB) têm sido objeto de uma investigação aprofundada nos últimos anos. Sabe-se que o pensamento estereotipado e o comportamento estereotipado são sintomas importantes numa série de doentes psicóticos. O facto de as drogas induzirem SB em animais e a psicose anfetamínica no homem se assemelharem a certas formas de esquizofrenia gerou muito interesse na compreensão desta síndrome compulsiva como modelo para a investigação do mecanismo do fenómeno psicótico e na compreensão do modo de ação de certos agentes psicofarmacológicos. Vários trabalhadores de diferentes disciplinas tentaram definir o SB. Na psicologia animal, foi definido como um padrão fixo de comportamento contínuo, enquanto na psicofarmacologia, um padrão contínuo, vigoroso e sem objetivo foi definido como SB. Entre as drogas que induzem o BS, a anfetamina produziu uma série de padrões de comportamento estereotipados. Arrancar repetidamente, polir as unhas, tomar banho, pentear o cabelo, lavar pratos, desmontar e voltar a montar rádios e relógios sem fim são alguns dos estereótipos observados no homem após a anfetamina. Mas em certas situações especiais, como no teste do campo aberto (OF), uma resposta ambulatória unidirecional no círculo exterior ou a repetição do rearing podem tornar-se SB. Noutras espécies, como os macacos e os gatos, foi observado um comportamento de procura típico, uma atividade de procura visual.

Fig-4

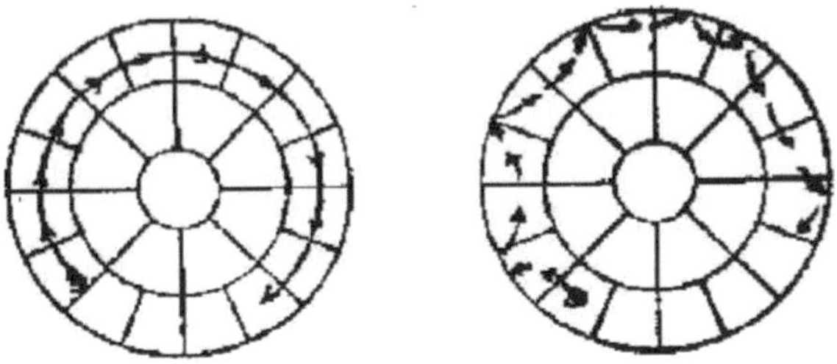

A figura mostra a arena aberta circular ou o teste do campo aberto. Quando o animal se desloca de um segmento para outro, é registada uma pontuação de deambulação (estereotipia simples). Do mesmo modo, quando o animal se mantém de pé sobre os membros posteriores, com ou sem o apoio da parede, é registada uma pontuação de "rearing" (estereotipia complexa).

Foi referido que o corpo estriado, a área rica em dopamina, é responsável pela indução do SB. Quando se comparou a capacidade da d e da 1 anfetamina para produzir SB em ratos, verificou-se que, embora a d-anfetamina fosse mais potente, a diferença não era estatisticamente significativa (Fig. 4). A diferença (1-NE: d-NE: 10:1) na produção de estimulação locomotora por estes isómeros não foi, contudo, observada na produção de SB. Uma vez que a estereotipia animal constituía um modelo válido para a psicose nos seres humanos e que a psicose anfetamínica se assemelhava muito à esquizofrenia, foram feitas várias tentativas para desenvolver modelos animais mais próximos para compreender esta síndrome. Verificou-se que o estudo alargado realizado no nosso laboratório indicava que o comportamento exploratório (EB) dos ratos no teste do "campo aberto" podia ser convertido em SB por agentes farmacológicos. O estudo permitiu-nos definir e distinguir claramente entre EB e SB numa situação como o campo aberto.

Quando se utilizou uma dose fixa de anfetamina e os animais foram submetidos ao teste OF em diferentes intervalos de tempo, foi possível distinguir entre estereotipia simples e complexa em função do tempo. Durante os 20 minutos iniciais, a estereotipia simples foi a resposta predominante, enquanto a estereotipia complexa foi observada após 30 minutos e durou 2 horas. Um fármaco bloqueador alfa adrenérgico podia bloquear a estereotipia simples, enquanto a vertical era bloqueada por um neuroléptico. Foi assim sugerido que a estereotipia complexa é uma função positiva da DA cerebral. Os agentes anti-parkinsónicos, ou seja, a l-dopa, a benzotropina e a amantadina, que se sabe influenciarem a função dopaminérgica cerebral, também produziram um elevado grau de estereotipia complexa. Esta observação foi ainda confirmada pelo facto de a administração intraventricular de DA ou apomorfina produzir estereotipia complexa. Tanto a alfa-metil-tirosina (AMT) como a 6-OHDA diminuíram o comportamento horizontal e vertical nos ratos, mas enquanto o pré-tratamento com AMT aboliu a atividade vertical, a 6-OHDA não o fez. Este facto indica a importância do mecanismo adrenérgico central na modulação de padrões bem definidos, podendo ser excluído um papel semelhante para a 5-HT.

O trabalho realizado sobre o comportamento em campo aberto (OFB) dos ratos mostrou que os agentes activos do SNC podem ser amplamente agrupados em duas categorias, ou seja, os que produzem seletivamente estereotipia horizontal (simples) e os que causam estereotipia vertical (complexa) nos ratos. No entanto, observou-se que qualquer aumento acentuado da atividade de criação se faz à custa da deambulação e vice-versa, pelo que se considerou que valia a pena estimar o OFB total como um único dado numérico utilizando estes resultados. Os ratos não tratados apresentaram padrões comportamentais de deambulação (A) e de criação (R) na proporção de 2,5:1. Uma vez que uma ratazana faz o preening ocasionalmente, metade de cada pontuação de preening foi adicionada à pontuação de rearing. O valor "OFB único" foi obtido da seguinte forma:

$$\text{OFB} = \left\{ \frac{\text{Modified Activity of Drug}}{\text{Modified Control Activity}} \right\} - 1 \times 100$$

O padrão de distribuição de vários agentes activos do SNC: quando o valor OFB foi representado em relação ao rácio logarítmico das pontuações de deambulação (A) e de criação (R). C refere-se ao controlo.

Fig. 5

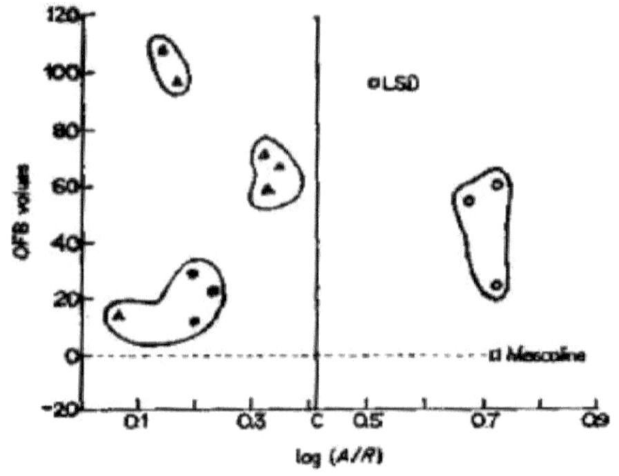

Sabe-se que os agentes do lado esquerdo da linha de controlo influenciam o sistema adrenérgico central, em especial a via dopaminérgica cerebral, e induzem principalmente a estereotipia vertical em ratos submetidos ao teste do campo aberto, ao passo que os MAO e os triciclos diferem entre si e também dos estimulantes do SNC. Um fármaco que actua no SNC pode, por conseguinte, ser identificado pelo seu "comportamento em campo aberto". A apomorfina teve um comportamento diferente.

Comportamento agressivo

Os medicamentos que provocam estereotipia podem também provocar comportamentos agressivos. A apomorfina é conhecida por provocar uma variedade de padrões comportamentais em animais experimentais. A resposta de morder, que é dependente da dose, pode ser convertida em luta através da adição de um estímulo auditivo. A depleção de aminas cerebrais por reserpina ou alfa-metil-tirosina agrava a resposta de luta, que pode ser bloqueada por um agente bloqueador dos receptores da dopamina, mas, curiosamente, a dopamina, a norepinefrina ou a clonidina administradas por via i.p. ou intra-ventricular não induziram estas respostas. Por conseguinte, postulou-se que os receptores sobre os quais a apomorfina actuava podiam ser designados por "receptores da apomorfina" em vez de "receptores da dopamina". Este conceito foi ainda confirmado pelo facto de a dopamina, a 1-dopa e a dopamina não produzirem bicadas nos pombos, uma resposta habitualmente observada após a apomorfina. Depois de mais experiências e da avaliação de todos os argumentos, foi proposto que as moléculas rígidas, como a apomorfina, têm uma conformação trans-cisóide e interagem preferencialmente com os receptores DA pré-sinápticos, enquanto o ADTN (2-amino-6, 7-dihidroxi, 1, 2,3, 4-tetrahidronaftaleno) tem uma conformação trans-transeóide e actua principalmente nos receptores DA pós-sinápticos. A dopamina, em virtude da sua flexibilidade molecular, pode atuar em ambos os receptores .

Tem sido uma viagem gratificante desde a investigação sobre a droga vegetal *Acorus calamus,* a asarona, até aos conceitos modernos de receptores em psicofarmacologia.

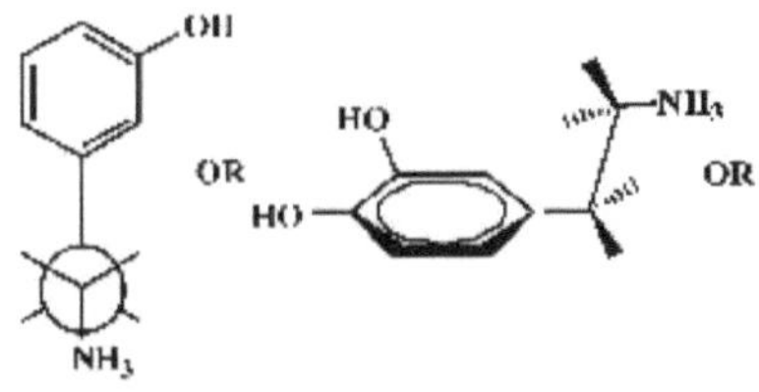

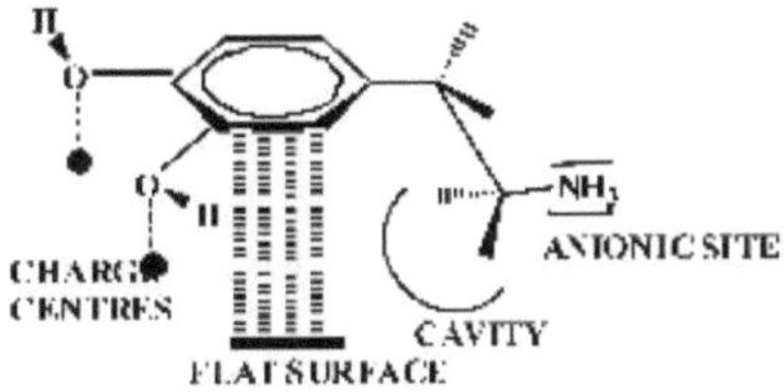

V-a DOPAMINE TRANS-TRANSOID

POST SYNAPTIC DA-RECEPTOR

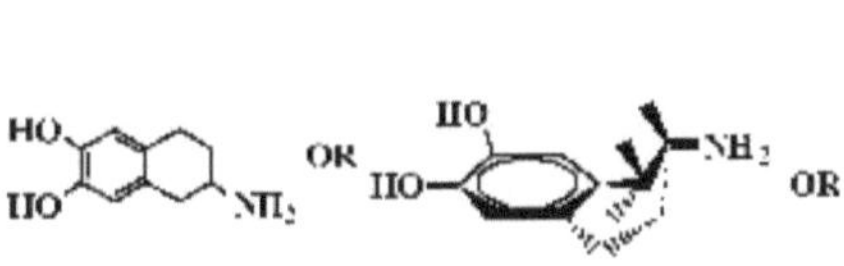

III- ADTN

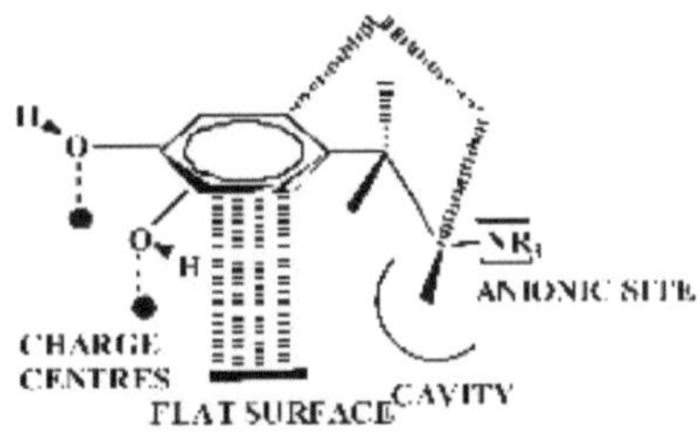

This part of III shown by broken lines do not interfere with receptor interactions

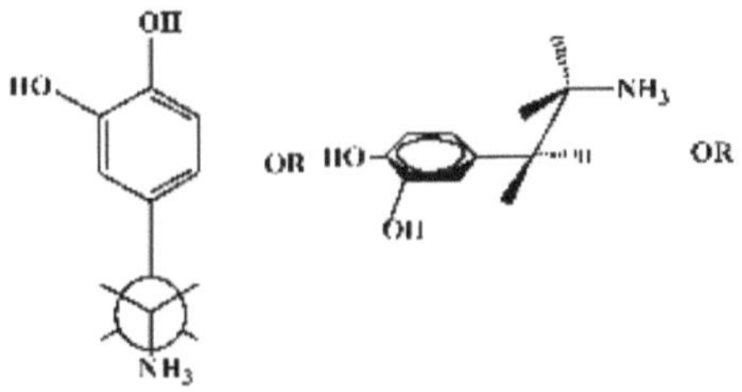

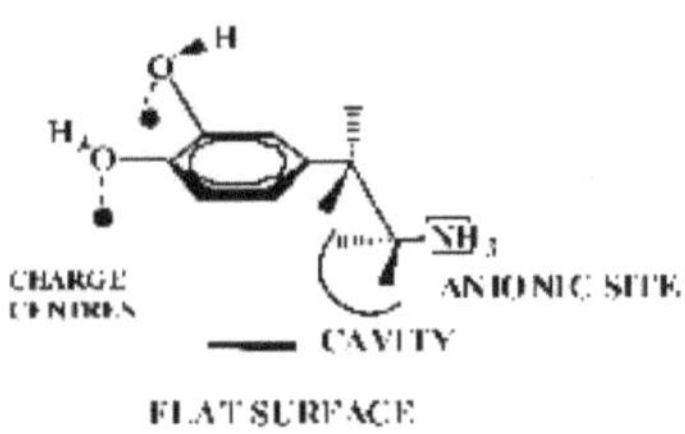

V b DOPAMINE TRANS-CISOID

PRE-SYNAPTIC DA-RECEPTOR

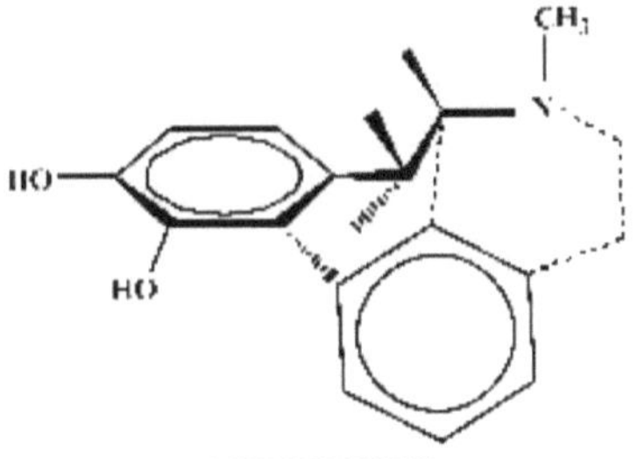

APOMORPHINE

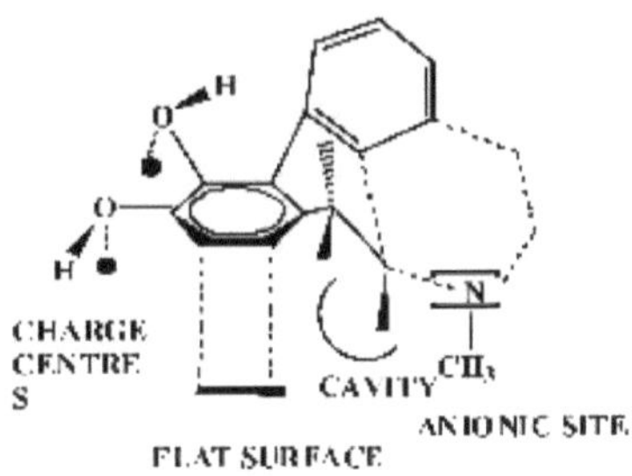

Referências

1. Dandiya PC, Cullumbine H. Studies on *Acorus calamus* (III); some pharmacological actions ofthe volatile oil. J Pharmacol Exp Therp 1959; 125: 353-359
2. Dandiya PC, Menon MK. Acções da asarona no comportamento, stress e hiperaxia e sua interação com estimulantes centrais. J Pharmacol Exp Therap 1964;145:42-46
3. Dandiya PC, Menon MK. Efeitos da asarona e da beta-asarona nas respostas condicionadas, no comportamento de luta e nas convulsões. Br J Pharmacol Chemother 1963; 20: 436-442
4. Dandiya PC, Gupta BD, Gupta ML. Influência de estimulantes do SNC e alucinogénios em ratos em circunstâncias especiais. Pharmakopsychiat !970; 3: 349-354
5. Kulkarni SK, Dandiya PC. Sobre o mecanismo de potenciação do comportamento estereotipado induzido pela anfetamina pela imipramina. Psychopharmacologia 1972; 27:267-272
6. Kulkarni SK, Dandiya PC. Efeito de agentes antidepressivos no comportamento de campo aberto de ratos. Psychopharmacologia 1973; 33: 333-338
7. Dandiya PC, Kulkarni SK. Estudo do comportamento de campo aberto como um parâmetro único. Indian J Pharmacol 1975; 7:1-4
8. Dandiya PC, Kulkarni SK, Sharma HL. Is apomorphine an agent inducing stereotypy? In Drugs and Central Synaptic transmission, Ed Bradley PB, Dhawan BN, The Macmillan Press Ltd. 1976; 291-299

Capítulo 3

A minha experiência com LSD (ácido lisérgico)

As drogas que alteram a mente têm sido utilizadas em muitas sociedades diferentes. A maior parte delas era obtida a partir de fontes vegetais. Nos países árabes e asiáticos, a cannabis ou a marijuana era utilizada há muito tempo por um número significativo de pessoas como rotina. Durante a minha infância, vi muitos artesãos, mecânicos, ourives, pintores e até alguns joalheiros tomarem uma bebida feita de canábis ao fim da tarde. Nessa altura, o chá da tarde, tão comum hoje em dia, ainda não tinha sido introduzido. As pessoas que consumiam cannabis não estavam muito associadas à violência, à imoralidade sexual, aos estupefacientes ou ao crime, mas eram bastante indiferentes aos outros membros da sociedade, ou seja, aos não consumidores. No entanto, as meias castas, os bandidos, os vendedores ambulantes e os não ortodoxos que consumiam preparações mais potentes de canábis, ou seja, charas ou ganja, eram conhecidos por cometerem crimes, incluindo assassínios. (No Rajastão e noutras províncias do Norte da Índia, o consumo de preparados de cannabis continua ainda hoje. As pessoas bebem o chamado "thandai", sumo de manga misturado com extrato de cannabis, ou mesmo "kulfi", uma deliciosa preparação congelada com cannabis, ou distribuem bolos doces chamados "burfi" que contêm cannabis durante o festival Holi, o que continua a ser uma cultura social. Ao contrário dos Estados Unidos, onde o consumo de marijuana foi legalizado em algumas províncias, na Índia o uso sociocultural da cannabis continua). Os árabes conheciam os seus efeitos indesejáveis e depreciaram os utilizadores. No México, entregavam-se ao uso do cato peiote que continha mescalina. Utilizaram também um cogumelo, que contém duas substâncias activas, a psilocibina e a psilocina, durante centenas de anos como parte de rituais religiosos, tal como o peiote.

Em 1959, foi descoberta na Suíça uma substância sintética que altera a mente (alucinogénio). Era muito potente e consumida em pequenas quantidades, ou seja, 100µg ou um décimo de miligrama, ao contrário de outras drogas conhecidas que eram consumidas pelo menos cem vezes em quantidades maiores. Os efeitos desta nova substância, o LSD, eram mais dramáticos e, por isso, recebeu maior atenção tanto de profissionais como de não profissionais.

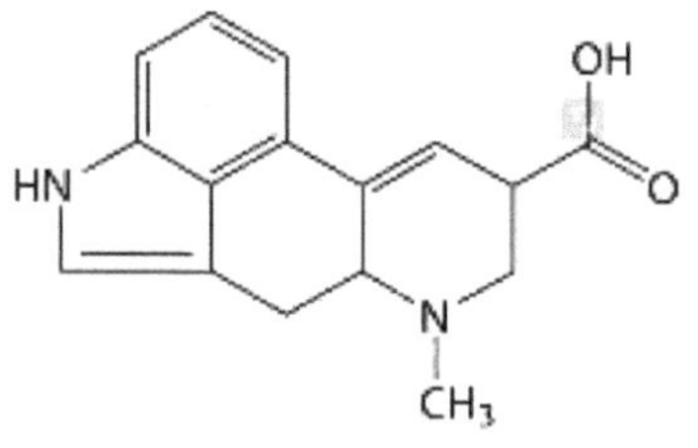

Lysergic Acid

Albert Hofmann

Descoberta do LSD: *Hofmann tornou-se empregado do departamento químico-farmacêutico dos Laboratórios Sandoz (atualmente uma filial da Novartis). Hofmann sintetizou o LSD pela primeira vez em 1938. O objetivo principal da síntese era obter um estimulante respiratório e circulatório (um analéptico) sem efeitos sobre o útero, por analogia com a nicetamida (que é também uma dietilamida), introduzindo este grupo funcional no ácido lisérgico. O projeto foi posto de lado durante cinco anos, até 1943, altura em que decidiu voltar a analisá-lo. Enquanto re-sintetizava o LSD, tocou acidentalmente com a mão na boca, no nariz ou possivelmente no olho, ingerindo uma pequena quantidade e descobrindo fortuitamente os seus poderosos efeitos. Descreveu o que sentiu como sendo afetado por uma inquietação notável, combinada com uma ligeira tontura. "Em casa, deitei-me e mergulhei num estado de intoxicação não desagradável, caracterizado por uma imaginação extremamente estimulada. Num estado de sonho, com os olhos fechados (a luz do dia era desagradavelmente ofuscante), apercebi-me de um fluxo ininterrupto de imagens fantásticas, formas extraordinárias com um jogo de cores intenso e caleidoscópico. Após cerca de duas horas, este estado desvaneceu-se".*

Naquela época, Basal era uma pequena cidade. Hofmann foi para casa de bicicleta com o seu colega depois de ter consumido LSD, altura em que experimentou os efeitos celestiais e infernais do LSD. O dia era 19 de abril de 1943. Os entusiastas psicadélicos comemoram este dia, ou seja, 19 de abril, como o Dia da Bicicleta, que representa as "viagens da vida" tal como foram vividas pelo seu descobridor!

Em 1967, o Dr. G.P. Srivastava, o meu guru, assumiu o cargo de Presidente da Associação do Congresso Farmacêutico Indiano. O Congresso ia realizar-se em Hyderabad e fiquei felizmente surpreendido ao receber um convite dele para discursar na conferência após o discurso inaugural e imediatamente após o discurso de abertura de M.L. Schroffs. O tema que me foi atribuído foi "Drogas psicadélicas". Poder falar para todo o Congresso ao lado do todo-poderoso Schroff foi um desafio. Schroff, um conhecido lutador, um líder entre os líderes da profissão, era conhecido por fazer discursos altamente controversos e inflamados. Depois de o ouvir, muitos dos presentes quase tinham convulsões e ficavam sem palavras durante algum tempo. Perguntei-me se teria nota mínima no Congresso pela minha intervenção. Para conhecer os efeitos reais desta droga, esperava experimentá-la e, numa tarde de agosto de 1967, por volta das 15 horas, ingeri 200 μg (1/5 de um miligrama) sentado no meu gabinete no departamento. Disse ao Dr. Jawahar Bapna, que na altura trabalhava comigo, que me acompanhasse à minha residência às 16 horas. Notei que os efeitos apareceram em cerca de 15 ou 20 minutos.

A droga produziu em mim efeitos psíquicos intensos e invulgares. Estes incluem fenómenos visuais bizarros, que vão desde o aumento do brilho aparente ou da beleza de objectos coloridos no ambiente. Isto foi acompanhado por experiências emocionais intensas e muitas vezes de mudança rápida (desde uma ligeira apreensão até ao pânico, depressão grave ou euforia mística) ou emoções simultâneas (como depressão e alegria) que não são experimentadas simultaneamente em condições normais. O corpo ou as suas partes começaram a parecer grandes.

Fenómenos visuais bizarros

Eu tinha manuseado LSD no laboratório, administrado a um grande número de animais, tinha lido sobre os seus efeitos em humanos que o tinham tomado para satisfazer a sua curiosidade ou por prazer. Os relatos não eram uniformes, mas variavam de pessoa para pessoa. Um tal Timothy Leary, professor da Universidade de Harvard, psicólogo clínico de renome, defendia o seu uso livre para entrar nas profundezas do misticismo. Nessa altura, um sentimento intenso de despersonalização tomou conta de mim. Esta incluía a sensação de estar fora do meu corpo, a vê-lo de longe, ou mesmo uma sensação de morte e renascimento. Em minha casa tínhamos uma pequena fenda numa parede que me parecia excessivamente maior e desproporcionada. Uma roda do meu carro parecia muito maior do que outra. O efeito mais importante foi nas cores que se tornaram muito intensas e irreais. As cores que normalmente passavam despercebidas tornavam-se muito atraentes. Pedaços de vidro brilhavam como diamantes, rubis e esmeraldas. O meu pequeno jardim em casa parecia um grande lugar para se alegrar. As alucinações auditivas eram muito importantes. Alguém deixou cair uma colher no chão e eu não conseguia suportar o som. Uma música tocada pelo vizinho tornou-se muito agradável e extremamente melodiosa. A comida servida pela minha mulher tinha um aspeto muito atraente e cheirava maravilhosamente bem, mas eu mal conseguia comer um bocado; a fala sofria muito. A clareza da expressão era muito fraca. A repetição de palavras era frequente. A ênfase era dada mais a algumas palavras do que a outras.

Segue-se uma parte do meu discurso gravado em cassete por Jawahar Bapna e assistido pelo meu filho, Bikram. "Estava a ouvir a música. Sim, voltei a mim (estado de alucinação que desapareceu temporariamente). Sabem o que é que eu fiz das 5' horas? Das cinco horas às cinco e dez, cinco e dez, cinco e dez. Passei um bom bocado. Quando cheguei a casa, fui recebido, fui recebido. Bikram, estás em casa outra vez? Porquê tantos fios (na verdade, só havia um fio do gravador) à volta? Não quero fios à minha volta. Pega em mim. Leva-me".

"Onde estiveste?" Bikram perguntou: "É uma boa pergunta. Muito boa pergunta, digo-vos que é uma bela pergunta. Oh! sim, tu és tudo, tudo, tu és tudo. É uma boa piada. Não sei a que horas vim para cá, quem me trouxe para cá? Foi uma altura muito difícil. Oh! sim. Oh! Sim. Oh! Sim "Vocês dois estão a espiar. Eu consigo ver por detrás disso. Atrás deste vidro. Por detrás desta água. O lago, o lago azul, a água, conseguem ver? O que é que se passa, alguns truques. Havia alguma música a passar, alguma música (alguém estava a cantar na rua). Vamos ouvir uma boa música. Algumas pessoas estavam a cantar. O experimentador disse simplesmente: "Já a pus mais alta".

"Sim, é bom. Tudo o que não é melodioso incomoda. Perturba (o som de uma colher a cair no chão da cozinha era perturbador). Tive momentos difíceis, momentos difíceis no meu próprio escritório. Não falei com ninguém sobre isso.

"Sim, acho que há uma coisa que vocês sabem, toda a gente à volta, aqui, aqui, aqui, aqui, quero dizer aqui. Para onde estavam a olhar na altura? O que é isto? Não é aqui, sim, pode dizer-se que não é aqui. Esta é a coisa, a coisa real. Isso é que é a realidade. Não, estou de volta" (o estado de alucinação passou temporariamente).

Quando falei no Congresso Farmacêutico Indiano de Hyderabad sobre o LSD, consegui certamente fazer um trabalho melhor do que se não tivesse tido a oportunidade de falar sem uma experiência pessoal. Isso tornou-se evidente quando os rostos de M.L. Schroff e G.P Srivastava (sentados na plateia) se iluminaram à medida que eu ia falando. Uma pergunta que foi feita nessa altura e em quase todo o lado mais tarde foi O LSD melhora o processo criativo dos artistas e inovadores? A minha resposta foi sempre um claro "não". Pelo contrário, estraga os resultados de tais actividades.

Capítulo 4

Impacto da reserpina isolada de uma planta indiana *Rauwolfia serpentina* na medicina moderna

P.C. Dandiya*

e

S.K. Kulkarni**

*SMS, Faculdade de Medicina, Jaipur

**Universidade de Panjab, Chandigarh

Correio eletrónico:pc.dandiya@gmail.com

www.pcdandiya.com

skkulkarni@gmail.com

As escrituras védicas são a base da sabedoria da medicina indiana antiga. Os Vedas, consagrados pelo tempo, descrevem a Ayurveda, a ciência da vida que se ocupa da saúde humana, tanto da cura como da prevenção. Era praticada por sábios-médicos/cirurgiões, pessoas santas profundamente devotas que consideravam a saúde como parte integrante da vida espiritual. É o sistema médico mais antigo e mais completo que remonta a mais de 2000 anos. O conhecimento ayurvédico foi adquirido através das escrituras védicas e da meditação - uma revelação divina para curar doenças da mente e do corpo e para promover a longevidade. Charaka e Sushruta foram os dois principais médicos dos escritos ayurvédicos.

Os medicamentos à base de plantas (medicamentos ayurvédicos), também conhecidos como medicamentos botânicos/herbais, tornaram-se uma forma cada vez mais comum de terapia alternativa em todo o mundo. Têm sido utilizados predominantemente para indicações menores e auto-limitantes, sobretudo para auto-medicação. Existem mais de 80.000 plantas medicinais conhecidas e cerca de 120 compostos químicos derivados de plantas foram desenvolvidos como produtos farmacêuticos modernos. De entre estas, há uma planta que teve uma influência revolucionária na psiquiatria moderna e na compreensão dos mecanismos cerebrais, nomeadamente a Sarpagandha (*Rauwolfia serpentina).* O presente artigo tenta destacar a forma como a reserpina abriu caminho para a nossa compreensão dos meandros da neurotransmissão e para a descoberta de medicamentos de sucesso.

A primeira referência moderna à utilização do extrato de Rauwolfia (do qual a reserpina foi mais tarde isolada) em condições psiquiátricas foi relatada por Sen e Bose em 1931. O seu artigo de referência descreveu o primeiro tratamento bem sucedido de psicose e de sintomas violentos com os extractos de *Rauwolfia serpentina*, conhecidos desde há muito na medicina tradicional indiana. Esta observação forneceu talvez a primeira prova empírica moderna para o tratamento da psicose ou da esquizofrenia. Em março de 1953, o New York Times noticiou que o médico A.A. Hakim, de Ahmedabad, na Índia, tinha sido galardoado com uma medalha de ouro pela apresentação de um trabalho sobre a cura da esquizofrenia com um composto utilizado há centenas de anos pelos médicos ayurvédicos. O principal ingrediente do composto era a *serpentina de Rauwolfia.*

Em 1955, Shore, Brodie e colaboradores (Shore, Silver e Brodie 1955, Pletscher, Shore e Brodie 1955) descobriram que a reserpina, o alcaloide ativo isolado da *Rauwolfia serpentina*, provocava uma diminuição acentuada da concentração de 5-hidroxitriptamina (5-HT) nos tecidos e um aumento concomitante da excreção urinária do metabolito 5-HT, o ácido 5-hidroxiindolacético (5HIAA). O profundo significado fisiológico desta descoberta tornou-se ainda mais evidente quando, pouco depois, se verificou que a reserpina afectava as catecolaminas teciduais de forma semelhante, um efeito que conduzia ao bloqueio dos mecanismos de transmissão adrenérgica (Carlsson e Hillarp 1956a, Bertler, Carlsson e Rosengren 1956). Desde então, numerosos trabalhos de investigação debruçaram-se sobre o mecanismo de ação da reserpina e o seu papel em vários efeitos farmacológicos dos alcalóides de Rauwolfia. Assim, havia evidências clínicas e experimentais de que Rauwolfia tinha propriedades sedativas marcantes e também havia fortes evidências de que Rauwolfia alterava os estados psíquicos devido à depleção de monoaminas (Fig.l).

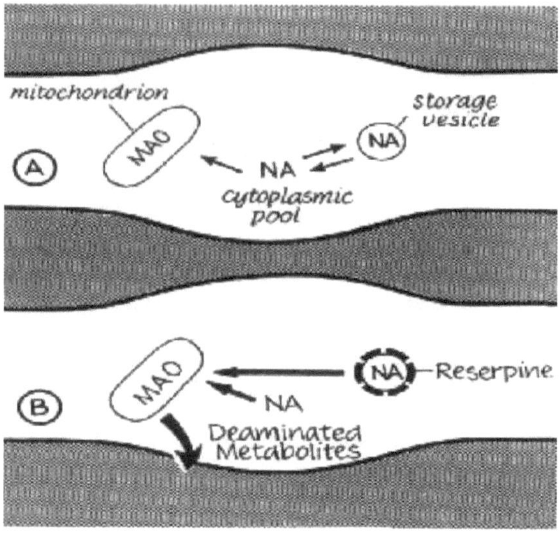

Esta observação da ação da reserpina teve grande influência na promoção da hipótese das aminas biogénicas da depressão mental (Everett e Tolman, 1959). Assim, a teoria catecolaminérgica da depressão mental não só foi amplamente debatida e intensamente investigada, como também foram desenvolvidas a primeira e a segunda geração de medicamentos antidepressivos (tricíclicos e inibidores selectivos da recaptação da serotonina) (Fig. 2).

O Prémio Nobel da Fisiologia ou Medicina (1970) foi atribuído conjuntamente a Ulf von Euler, Sir Bernard Katz e Julius Axelrod "pelas suas descobertas relativas aos transmissores humorais nos terminais nervosos e ao mecanismo para o seu armazenamento, libertação e inativação". A nova compreensão das perturbações mentais e do mecanismo de ação das drogas psicotrópicas, incluindo a *Rauwolfia serpentina*, tornou-se tema de investigação durante muitas décadas.

A ação tranquilizante da reserpina foi estabelecida devido às suas propriedades de depleção das monoaminas cerebrais e, do mesmo modo, a ação anti-hipertensiva deveu-se à sua capacidade de depleção das catecolaminas das terminações nervosas simpáticas periféricas. Devido ao desenvolvimento de medicamentos melhores e mais seguros para estes fins e aos numerosos efeitos secundários, a reserpina é raramente utilizada atualmente.

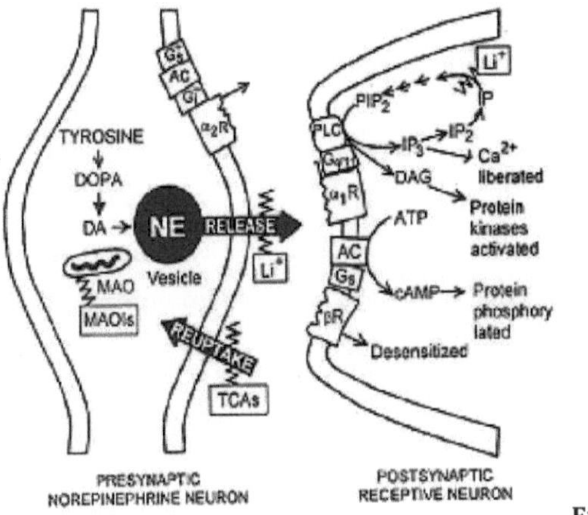

Fig.2 Antidepressivos de primeira geração

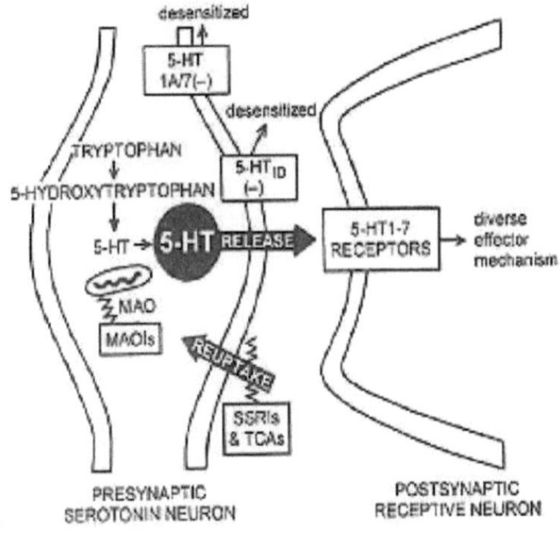

de segunda geração

As recentes descobertas vencedoras do Prémio Nobel referiam-se à bomba transmembranar, também conhecida como proteína de escolta, proteína transportadora de ácidos, bomba de proteína transportadora de catiões e aniões, são proteínas integrais da membrana. A proteína de transporte vesicular regula o movimento por vesículas do conteúdo da célula. Além disso, qualquer defeito numa proteína transportadora específica pode levar a doenças específicas, incluindo perturbações mentais. Os transportadores de neurotransmissores são uma nova classe de proteínas transportadoras de membrana e a sua principal função é transportar neurotransmissores através das membranas neuronais. Os transportadores de monoaminas incluem o transportador de dopamina (DAT), o transportador de norepinefrina (NET) e o transportador de serotonina (SERT) e o transportador vesicular de monoaminas (VMAT). A reserpina bloqueia irreversivelmente o transportador vesicular de monoaminas (VMAT). Este (VMAT) transporta normalmente a norepinefrina, a serotonina e a dopamina intracelulares livres no terminal nervoso pré-sináptico para vesículas pré-sinápticas para posterior libertação na fenda sináptica ("exocitose") (Fig.3). Por outro lado, os antidepressivos suprimem as actividades da NET e da SERT para aumentar a disponibilidade da NE e da serotonina na fenda sináptica. James E Rothman, Randy W Schekman e Thomas C Sudhof foram galardoados com o Prémio Nobel em 2013 pelo seu trabalho pioneiro sobre o movimento de neurotransmissores em vesículas como um importante sistema de transporte nas nossas células.

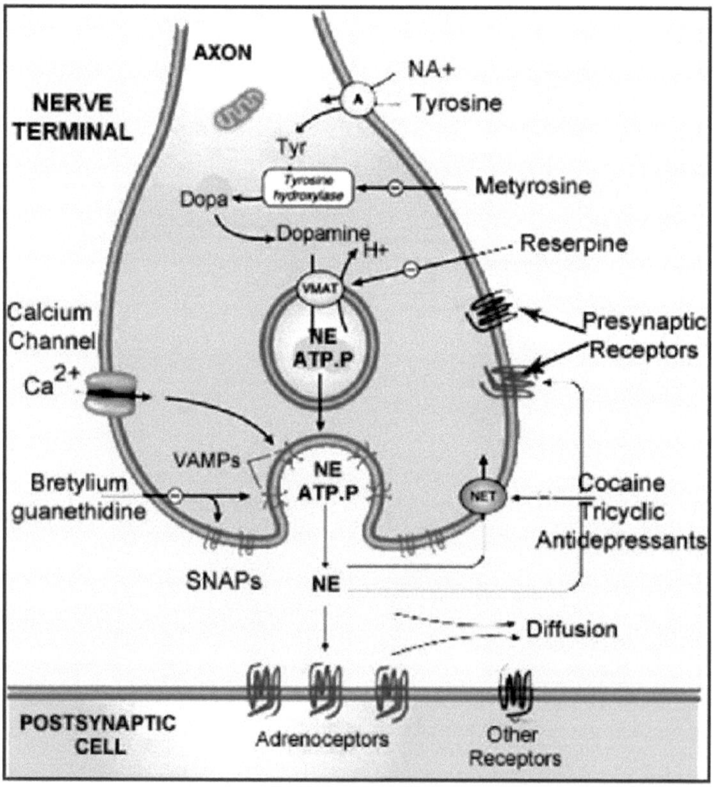

É uma história espantosa a da reserpina, isolada de uma planta indiana, *a Rauwolfia serpentina*, em 1952, pelas suas propriedades antipsicóticas e anti-hipertensivas, que levou à compreensão da teoria catecolaminérgica da depressão mental (1959). Esta foi a base para a descoberta de medicamentos antidepressivos de grande sucesso, como a fluoxetina (décadas de 1960 a 1980). Atualmente, a nossa compreensão evoluiu para o conceito de como as proteínas transportadoras (1990-2013) desempenham um papel fundamental na saúde e na doença. Embora a ciência indiana tenha perdido o isolamento da reserpina do extrato de Rauwolfia, a investigação sobre a reserpina ajudou a desvendar o mistério do cérebro e forneceu a base para a era moderna da psiquiatria biológica.

Há várias plantas medicinais indígenas da Índia que foram amplamente estudadas quanto às suas acções biológicas com base em biomarcadores modernos. Por exemplo, Ashwagandha *(Withania somnıfera)*, Brahmi *(Bacopa monnieri)*, Satavari *(Aspergus racemosus)*, Tulsi *(Ocimum sanctum)*, Kochila *(Strychinos nuxvomica)*, Bach (*Acorus calamus*), Mundukpani *(Centella asiatica)*, Cannabis *(Cannabis indica/sativa)*, *Curcuma (Curcuma longa)*, Chitra *(Berberis aristata)* e muitas outras não só foram estudadas como também utilizadas isoladamente ou em combinações de cocktails para várias doenças.

Mas a ironia é que o grande impacto que a reserpina, isolada da *Rauwolfia serpentina*, teve na química do cérebro ou na neurociência, nenhuma das outras plantas ou o(s) seu(s) princípio(s) ativo(s) demonstraram. Nos últimos anos, o tetrahidrocanabinol (ou anandamida) isolado da *Cannabis indica* atraiu a atenção dos neurocientistas, mas não com a mesma intensidade. O isolamento e a aplicação terapêutica da artemisinina isolada da planta chinesa Qinghao su tiveram um impacto global, mas de tipo diferente. Tal como referido nos parágrafos anteriores, a ciência e/ou os cientistas indianos perderam a reserpina, mas a questão mais importante é saber se a nossa abordagem à investigação científica e à procura mudou·

Leituras sugeridas

- Bertler A, Carlsson A, Rosengren E. Release by reserpine of catecholamines from rabbits' hearts. Naturwissenschaften, 1956; 22:521

Carlsson A, Hillarp NA. Libertação de adrenalina da medula suprarrenal de coelhos produzida pela reserpina. KglFysiogr Sallsk Forhandl, 1956; 26 (8-9)

Dandiya PC, Cullumbine H. Studies on Acorus calamus (III); some pharmacological actions ofthe volatile oil. J Pharmacol Exp Therp 1959; 125: 353-359

Dandiya PC, Menon MK. Acções da asarona no comportamento, stress e hiperaxia e sua interação com estimulantes centrais. J Pharmacol Exp Therap 1964;145:42-46

Dandiya PC, Menon MK. Efeitos da asarona e da beta-asarona em respostas condicionadas, comportamento de luta e convulsões. Br J Pharmacol Chemother 1963; 20:436-442

Everett GM, Tolman, JEP Modo de ação dos alcalóides de Rauwolfia e atividade motora. Em Biological Psychiatry, ed. Grune e Stratton, NY, 1959

Kline NS. Uso de Rauwolfia serpentina benth em condições neuropsiquiátricas. Ann N Y Acad Sci. 1954;59:107-132.

Pletscher A, Shore PA, Brodie BB. Libertação de serotonina como um possível mecanismo de ação da reserpina. Science. 1955; 122:374-375

Sen G, Bose KC. Rauwolfia serpentina: um novo medicamento indiano para a insanidade e a tensão arterial elevada. Indian Medical World. 1931; 11:194-201

Shore PA, Silver SL, Brodie BB. Interação da reserpina, serotonina e dietilamida do ácido lisérgico no cérebro. Science. 1955; 122:284-285

Nota do autor:

Em junho de 1970, dei uma conferência nos NIH, em Washington D.C., sobre "A prática da canábis na Índia". Entre o público, Julius Axelrod apareceu alguns minutos depois de eu ter começado a falar. Mais tarde, durante a hora do chá, foi-me apresentado como "Axel". Não houve qualquer agitação quando ele entrou, nem lhe foi dada qualquer atenção especial. Porquê? Só dois meses depois deste episódio é que se tornou Prémio Nobel, quando se tornou mais do que comum. **-PC Dandiya**

Na conferência da IUPHAR de 1978, em Paris. Ouvi o Dr. Julius Axelrod, com uma pala no olho esquerdo, falar sobre a descoberta vencedora do Prémio Nobel, a via metabólica das catecolaminas, em particular a descoberta da enzima catecol-O-metil transferase, sentado na coxia de um auditório cheio. Foi um prazer ouvir um laureado com o Prémio Nobel! - **SKKulkarni**

Capítulo 5

Um clássico da farmacologia ressurge dos arquivos

S.K. Kulkarni

Professor Emérito de Farmacologia

Universidade de Panjab, Chandigarh-1600014

Correio eletrónico: skkulkarni46@gmail.com

As sociedades modernas estão em constante evolução com as mudanças revolucionárias que ocorrem na ciência e tecnologia e nas ciências da comunicação. Todas as sociedades têm de integrar constantemente estes conceitos em rápida mutação no seu ethos para adotar as novas ideias através da educação e da formação. Aqueles que não conseguirem responder a estes desafios dinâmicos ficarão para trás. Por conseguinte, a educação moderna, em geral, e o ensino superior, em particular, têm tudo a ver com a experimentação de novas ideias e com a exploração das fronteiras do conhecimento, desafiando as antigas.

O ensino médico e profissional não é exceção a estas circunstâncias em mudança no mundo globalizado. O conhecimento não tem fronteiras e a aplicação da tecnologia acontece instantaneamente. A Índia está na vanguarda tanto da revolução da comunicação como da prática da medicina e da cirurgia modernas. É igualmente louvável o facto de a Índia ser não só a "Farmácia do mundo em desenvolvimento"[(1)] mas também fornecedora de medicamentos genéricos fiáveis a nível mundial. Podemos interrogar-nos como é que isto pode acontecer quando o nosso sistema educativo está constantemente a enfermar. Esta dicotomia é difícil de compreender, mas é um facto.

Enquanto trabalhávamos no presente volume, o nosso objetivo era avaliar o crescimento da "Farmacologia e investigação de medicamentos" na Índia após 1974, precisamente depois de o artigo "Pharmacological Research in India" do Professor PC. Dandiya e do Dr. J.S. Bapna (PCD & JSB) apareceu na revista Annual Reviews of Pharmacology (1974). Nestes 42 anos, o país fez enormes progressos em quase todos os domínios da atividade humana, quer se trate da tecnologia da informação, do ensino técnico (maior número de cientistas e tecnólogos), da arte e da cultura, do cinema, da agricultura e dos produtos farmacêuticos, para citar apenas alguns. Mas, infelizmente, alguns domínios da ciência, sobretudo a ciência experimental, passaram para segundo plano por razões que não são facilmente explicáveis. Nos últimos cinquenta anos, a farmacologia experimental tem registado um percurso de montanha-russa, sobretudo no último século.

Existe uma clara divisão na qualidade da investigação efectuada em ciências farmacológicas desde o aparecimento da revisão (PCD & JSB) na Annual Reviews of Pharmacology (ARP) de 1974 e posteriormente. Durante este período, a ciência farmacológica evoluiu exponencialmente no resto do mundo. Os leitores poderão avaliar, a partir das contribuições de autores seniores neste volume, por que razão e onde a ciência experimental não correspondeu aos padrões globais nas suas actividades. As instituições médicas de onde provinham os anteriores líderes diminuíram, mas algumas das instituições farmacêuticas mantiveram a ciência viva como um consolo. Os autores-editores deste volume decidiram, por conseguinte, republicar o artigo clássico original de PC. Dandiya e J.S. Bapna, para que todos nós possamos refletir e para que as gerações futuras possam olhar para a sua herança.

FARMACOLÓGICO INVESTIGAÇÃO NA ÍNDIA

P. C. Dandiya e J. S. Bapna

Departamento de Farmacologia, Faculdade de Medicina S.M.S., Jaipur, Índia

INTRODUÇÃO

Uma revisão exaustiva intitulada "Highlights of Pharmacology Research in India" foi escrita por Mukerji e colaboradores na edição de 1963 da *Annual Review of Pharmacology* (1). Posteriormente, foram publicados "Trends in Pharmacology Research in India" por Dan- diya & Bapna (2) e "CNS Active Drugs from Plants Indigenous to India", por Dandiya & Chopra (3). Sharma escreveu recentemente uma revisão exaustiva sobre a *medicina ayurvédica - passado e presente* (4). No presente artigo, foi feita uma tentativa de resumir o trabalho de investigação realizado na Índia durante a última década, incluindo a investigação sobre os materiais activos isolados de plantas indígenas da Índia, que recebeu uma atenção considerável durante os últimos doze anos.

A investigação em farmacologia na Índia tem sido tradicionalmente patrocinada pelas faculdades de medicina. Vários factores impulsionaram esta tendência. O crescimento e a expansão do ensino médico foram muito rápidos, em geral após 1950 e, em especial, durante a década de 1960. Além disso, a investigação farmacológica, tal como a investigação noutras ciências médicas, foi promovida e apoiada com uma assistência financeira substancial pelo Conselho Indiano de Investigação Médica (ICMR). Em 1962, o ICMR constituiu um comité independente para incentivar a investigação sobre medicamentos indígenas. Um ano mais tarde, o ICMR nomeou um grupo de peritos separado para avaliar as propostas de investigação sobre farmacologia, separando assim a responsabilidade que até então tinha sido assumida pelo comité combinado de fisiologia e farmacologia. Os projectos de investigação sobre drogas indígenas foram agora atribuídos ao Conselho Central de Investigação sobre Medicina Indiana e Homoeopatia. Desde há alguns anos, este Conselho tem vindo a gerir unidades de investigação compostas de drogas indígenas, que incluem subunidades de química, farmacologia, farmacognosia e ensaios clínicos, estando estas últimas alojadas maioritariamente nos hospitais dos sistemas de medicina indígenas.

O Central Drug Research Institute (CDRI) 'em Lucknow, que funciona sob o controlo do Conselho de Investigação Científica e Industrial, tem sido outro promotor da investigação sobre medicamentos na Índia. Nos últimos anos, este instituto tem efectuado um trabalho significativo. A iniciativa privada no domínio da investigação farmacológica é ainda incipiente na Índia, sendo a única exceção o centro de investigação CIBA. Ultimamente, a Hoechst Pharmaceuticals também começou a trabalhar neste sentido. Estes desenvolvimentos contribuíram para o avanço da investigação farmacológica no país a partir de 1960. O ritmo de crescimento e a qualidade do trabalho poderiam ter sido mais elevados se não fossem as seguintes razões: (a) a abertura de um número excessivo de novas faculdades de medicina na década de 1960 levou à migração do talento profissional das poucas instituições então existentes para um grande número de faculdades de ensino. Alguns dos departamentos que ficaram com uma mão de obra reduzida, que mal conseguia gerir a carga de ensino, não puderam dar-se ao luxo da investigação; (∂) devido à tensão da expansão do ensino médico, os fundos governamentais foram cada vez mais direcionados para o ensino pré-graduado, enquanto as subvenções para a aquisição de equipamento para formação pós-graduada e investigação avançada diminuíram gradualmente. A escassez de divisas foi outro fator limitativo da aquisição de equipamento sofisticado; (c) um bom número de farmacologistas que receberam formação no estrangeiro regressaram aos países ocidentais, onde existiam instalações de investigação superiores. Esta situação verificou-se sobretudo no caso dos farmacologistas não médicos, que não eram facilmente aceites nas faculdades de medicina da Índia. Além disso, o progresso da bioquímica na Índia era lento, o que influenciou negativamente o crescimento da investigação farmacológica; (</) os farmacologistas deste país não dispunham de instalações para a investigação clínica, sendo a única exceção o departamento de farmacologia do Seth G.S. Medical College, em Bombaim, onde existe uma unidade de investigação clínica sob a liderança do Dr. U. K. Sheth há já alguns anos.

SISTEMA NERVOSO CENTRAL

Substâncias naturais

A palavra sânscrita "Gandha" significa cheiro e, desde tempos imemoriais, sarpa-gandha (cheiro de cobra), ou seja, *Rauwolfia serpentina;* ugra-gandha (cheiro forte), ou seja, *Acorus calamus;* e ashwa-gandha (cheiro de cavalo), ou seja, *Withania somnifera,* eram as principais ervas utilizadas para doenças mentais na Índia. O isolamento da reserpina da *Rauwolfia serpentina,* que possuía acções depressoras do SNC e anti-hipertensivas acentuadas, levou à investigação das outras duas ervas.

Os princípios activos das raízes e dos rizomas de *A. calamus* foram isolados e identificados como α-asarona (asarona) e β-asarona, ou seja, *trans-* e cw-2,4,5-trime-tioxi-1-propenilbenzeno, respetivamente (5). Verificou-se que a asarona tem um efeito depressor acentuado do SNC em ratinhos, ratos e macacos. Diminuiu a atividade locomotora espontânea em ratos (6) e ratazanas (7) e produziu um efeito calmante em macacos que durou 24 horas (8). O início de ação da asarona foi mais rápido do que o da reserpina e contrariou o efeito estimulante da anfetamina, do LSD, do metilfenidato e da mescalina, mas apenas antagonizou parcialmente o efeito da imipramina em ratos e ratazanas (8). Oferece igualmente uma proteção completa aos ratos agregados tratados com doses tóxicas de d-anfetamina, tendo-se verificado que é mais eficaz do que a clorpromazina (9). Prolonga a hipnose induzida pelo pentobarbital, o hexobarbital e o etanol, efeito que não pode ser evitado pelo LSD ou pela iproniazida (10). Provoca hipotermia nos ratos (10) e contraria a hiperpirexia induzida pelo LSD (8). Evitou as convulsões induzidas pelo pentilenotetrazol e as convulsões por eletrochoque, mas facilitou as convulsões induzidas pela picrotoxina em ratos (10, 11). Potenciou o efeito da reserpina nas electroconvulsões (12), bloqueou a resposta de evitamento condicionado de ratos treinados e potenciou o efeito da reserpina nesta resposta. Também antagonizou o comportamento de luta devido a choques nas patas e aumentou o número de choques aceites por animais experimentais em neurose de conflito (13).

Os trabalhos realizados sobre o seu mecanismo de ação revelaram que, ao contrário da reserpina, não esgotava o conteúdo cerebral de 5-HT (12) ou de norepinefrina (NE) (6). Causou sedação em ratos tratados com iproiazida semelhante à da clorpromazina (6, 8). Como a estrutura química da asarona se assemelhava a uma parte da molécula da reserpina, tentou-se descobrir se estes dois agentes actuavam num local recetor comum. O pré-tratamento com α-metiltirosina, que reduziu a NE cerebral em cerca de 65%, aumentou a ação sedativa da asarona e da reserpina (14,15). No entanto, ao contrário da tetrabenazina, a asarona não bloqueou a ação sedativa da reserpina, sugerindo um local de ação diferente (6).

A asarona provocou um efeito hipotensor ligeiro em cães anestesiados e apresentou um grau variável de atividade anti-acetilcolina, anti-histamínica e anti-serotonina em preparações musculares isoladas (9, 16). Evitou a depleção de ácido ascórbico adrenal em ratos submetidos a stress pelo frio.

Na procura de análogos da asarona mais úteis e menos tóxicos, foram selecionados vários derivados do trimetoxibenzeno: i.e. derivados de fenilalquilo (17, 18), benzamidas (17, 19-25), fenilésteres, anilidas, tetrazóis (22, 26), piperazinas (27), azlactonas (26, 28, 29), estirenos e ácidos cinâmicos (17, 30, 31), e hidantoínas e 2-tio-hidantoínas (32, 33) foram sintetizados por Dandiya e colaboradores, tendo sido estabelecidas interessantes relações estrutura-atividade (34).

Os trabalhos efectuados sobre a ashwagandha (W^z. *Somnifera)* revelaram que a sua fração alcaloide total, a ashwagandholine e duas saponinas becoside A e B, possuíam uma atividade depressora ligeira do SNC (35, 36).

Além destes, alguns outros princípios activos do SNC foram obtidos a partir de plantas. Um princípio saponínico glicosídico "hersaponina" isolado da *Herpestis monniera,* que é utilizado no sistema de medicina ayurvédica para a insanidade, a epilepsia e a histeria, demonstrou produzir um efeito sedativo em ratos e cobaias. Potencializou o sono induzido pela hexobarbitona em ratos, causou hipotermia (37) e foi relatado que reduziu o conteúdo cerebral de NE e 5-HT em ratos (38). Bhide (39) relatou a presença de um princípio tranquilizante na casca de painço de *Paspalum scrobiculatum.* Um sesquiterpeno Jatamansone, syn. velaranone, com uma fraca atividade tranquilizante, hipotensiva (40, 41) e anti-hipercinética (42), foi isolado de *Nardostachys jatamansi.*

Comportamento estereotipado

Foi feita uma tentativa bem sucedida de analisar a influência de alucinogénios (LSD, mescalina), estimulantes do SNC (anfetamina, metilfenidato, cafeína) e antidepressivos (imipramina, iproniazida, pargilina) no desempenho do campo aberto em ratos (43,44). Foram observadas duas acções comportamentais distintas, nomeadamente a atividade horizontal (deambulação) e a atividade vertical (criação), quando os ratos foram submetidos ao teste do campo aberto. A atividade horizontal, em função de doses crescentes de alucinogénios como o LSD e a mescalina, foi considerada como estereotipia simples, enquanto a atividade vertical foi considerada como estereotipia complexa, que se verificou ser um padrão comportamental caraterístico da anfetamina e do metilfenidato (44-47). Os antidepressivos, no entanto, não conseguiram modificar as acções comportamentais em ratos no teste do campo aberto. Recentemente, com a ajuda de inibidores e precursores enzimáticos, foi analisado o possível papel das aminas biogénicas cerebrais no comportamento estereotipado (48) e verificou-se que a estereotipia complexa era mediada pelo mecanismo dopaminérgico cerebral, enquanto a estereotipia simples era uma função da NE cerebral (49).

Sethy et al (50) sugeriram a utilização da "estereotipia anfetamínica" como teste para drogas estimulantes ou depressoras do SNC. Foi igualmente demonstrado que pequenas doses de depressores do SNC podem aumentar a atividade da anfetamina quando administradas em combinação (51).

Monoaminas e medicamentos para o SNC

O papel das catecolaminas (CA) e da 5-HT na ação de drogas psicotrópicas foi estudado por Dandiya e colaboradores, utilizando inibidores enzimáticos específicos que se sabe bloquearem a sua síntese no passo limitador da taxa. Verificou-se que a α-metiltirosina, que reduziu a CA cerebral, aumentou notavelmente as acções sedativas da reserpina, da clorpromazina (14, 52) e da asarona (6) e antagonizou as acções excitatórias da mescalina, da anfetamina, da morfina e da cocaína (53). Foi ainda referido que a α-metiltirosina protegia os ratos agregados da toxicidade da anfetamina (15), sugerindo que a AC desempenha um papel importante nas acções dos fármacos acima referidos. A excitação causada pela reserpina em ratos tratados com pargilina também foi sugerida como estando mais estreitamente relacionada com a AC do que com a 5-HT (54, 55). Estes autores referiram igualmente a influência benéfica de vários inibidores da monoamina oxidase e de alguns outros antidepressivos na eficácia da difenil-hidramina na prevenção de sinais parkinsonianos induzidos por medicamentos em ratos e ratinhos (56, 57).

Influência dos medicamentos no stress

Dandiya et al (58) investigaram as acções anti-stress de alguns tranquilizantes. O stress fisiológico causou um grau variável de alterações bioquímicas nos animais. Foi relatada uma queda no conteúdo de ácido ascórbico adrenal, no colesterol sérico e nos níveis de sódio sérico após submeter os animais ao stress pelo frio (58, 59). O stress térmico reduziu o teor de glutatião e acetilcolina no cérebro, mas aumentou os níveis de 5-HT e NE (59, 60). Tanto a clorpromazina como a reserpina ofereceram proteção contra estas alterações induzidas pelo stress térmico. A mescalina e o LSD produziram uma diminuição dos níveis de glutatião no cérebro e agravaram a redução do nível de glutatião induzida pelo stress térmico (59). Sharma e colaboradores mostraram que tanto a reserpina como a clorpromazina impediram o aumento dos teores de CA e acetilcolina cardíacos e plasmáticos induzidos pelo stress (61, 62). A α-metiltirosina foi capaz de prevenir a queda do glicogénio do miocárdio e da glicose no sangue em ratos (63). Pohujani e colaboradores relataram a influência protetora de uma série de barbitúricos, glucocorticóides e clorpromazina contra os efeitos do stress centrífugo nas supra-renais de ratos (64-66).

Analgésicos e relaxantes musculares

Sheth e os seus colegas investigaram o mecanismo da analgesia induzida pela morfina e pela meperidina. A ED_{50} da meperidina aumentou significativamente em ratos pré-tratados com reserpina ou p-clorofenilalanina (PCPA) quando testados pelo método de clipagem da cauda e eletrochoque (67, 68). Do mesmo modo, o ED5Q da tremorina também aumentou em ratos tratados com reserpina, PCPA ou dietilditiocarbamato quando testados quanto à atividade analgésica (69). Foi sugerido que a morfina libertava dopamina no SNC que, por sua vez, excitava os receptores dopaminérgicos centrais (70).

Sinha et al (71, 72) demonstraram a propriedade de relaxamento muscular dos antidepressivos tricíclicos e de alguns agentes bloqueadores j3-adrenérgicos. Na administração intravenosa, a imipramina, a desmetilimipramina e a amitriptilina apresentaram propriedades de bloqueio neuromuscular, sendo a amitriptilina a mais potente. A natureza do bloqueio parece ser competitiva.

Bhargava et al (73) estudaram as propriedades relaxantes musculares da metaqualona e dos seus derivados e verificaram que a dimetaqualona era mais potente do que a metaqualona e a mefenesina como relaxante muscular.

Emese

Bhargava & Dixit (74) sugeriram a presença de receptores histaminérgicos na zona de ativação dos quimiorreceptores, que eram possivelmente responsáveis pelo mecanismo da emese. Sugeriram que a reserpina pode estar a atuar diretamente na zona CT e não através da depleção da CA (75). Gupta et al (76) excluíram a possibilidade de mediação colinérgica na integração central da emese e mostraram que os antidepressivos bloquearam a emese induzida por reserpina e apomorfina (77).

O extrato alcoólico da raiz de *Cyperus rotundus* protegeu os cães contra a emese induzida pela apomorfina (78).

Dormir

Haranath e colaboradores (79, 80) estudaram o papel do mecanismo colinérgico no sono e no sono REM, utilizando agonistas e antagonistas colinérgicos. Ao perfundir os ventrículos cerebrais de cães anestesiados e não anestesiados com agentes colinérgicos, estes trabalhadores demonstraram que a libertação de acetilcolina diminuía antes e na altura do sono, mas aumentava durante o sono REM (81-83). Mostraram ainda que os compostos de amónio quaternário, como o curare, a galamina e a atropina, e a NE passavam para o líquido cefalorraquidiano quando administrados por via intravenosa (84-86).

SISTEMA CARDIOVASCULAR

Antiarrítmicos

Foi relatada a atividade antiarrítmica de vários fármacos: ou seja, algumas fenotiazinas (87-89), ajmalina e seus ésteres (90), fencarbamida (91), BP-400, ciproheptadina, clorfenoxamina (92), glucagon (93), propranolol (94), INPEA (95), MJ-1999 (96), pronetalol (97) e H66⁄29. Verificou-se que os fármacos bloqueadores dos receptores Д-adrenérgicos foram mais eficazes no bloqueio de arritmias cardíacas experimentais (95, 96,98). No entanto, Madan et al (98) sugeriram que essa atividade era independente do antagonismo do recetor Д.

Estudos sobre o papel de várias substâncias neuroquímicas como a acetilcolina (99- 101), CA (102), e 5-HT (103) na génese das arritmias cardíacas indicaram que a acetilcolina pode estar envolvida (100,104). Madan & Gupta (99) verificaram que a acetilcolina e a atropina actuavam de forma sinérgica e não antagónica no miocárdio. Bhargava et al (102) relataram que a AC pode ser responsável pelas arritmias cardíacas centrogénicas induzidas pela aconitina, que podem ser bloqueadas por reserpinização prévia, adrenelactomia bilateral, secção do nervo esplâncnico torácico ou fármacos bloqueadores dos receptores Д. A aconitina também aumentou o conteúdo de 5-HT do coração, que voltou ao valor de controlo quando o ritmo normal foi restaurado pela quinidina (103).

Cardiotónicos

Arora et al (105) descobriram que o peruvosídeo, um glicosídeo cardíaco obtido da *Thevetia neriifolia,* produziu efeitos inotrópicos e cronotrópicos positivos no coração do gato. A sua toxicidade, potência e eficácia clínica foram semelhantes às da ouabaína. Singh & Rastogi (106, 107) isolaram a asclepina, um cardenolídeo da *Asclepias curassavica,* e determinaram sua estrutura química. A sua ação é semelhante à da digoxina, mas tem uma duração mais longa. O extrato obtido de *Nerium indicum* foi também descrito como possuindo atividade cardiotónica (108, 109).

Hipertensão

Foram estudados os efeitos de substâncias neuroquímicas como a colina (110), a histamina (111), a 5-HT (112) e a CA (113) nos loci vasomotores centrais. Foi demonstrado que a administração cerebroventricular (ICV) de colina causava uma resposta pressora inicial seguida de uma resposta depressora. Estas respostas foram explicadas com base na libertação periférica e central de AC pela colina (110). A 5-HT produziu uma resposta depressora em cães, que foi evitada pelo pré-tratamento com dibenzileno ou morfina, sugerindo a presença de receptores indiferenciados para a 5-HT que podem ser bloqueados por bloqueadores do tipo M ou D (112). A fenilefrina ou a NE causaram bradicardia, enquanto a isoprenalina causou taquicardia, que pode ser bloqueada por agentes bloqueadores dos receptores α e Д, respetivamente (113). A injeção de propranolol nos ventrículos laterais provocou uma resposta bifásica, ou seja, uma fase pressora inicial de curta duração com taquicardia seguida de um efeito depressor prolongado e bradicardia (114). O papel da AC na hipertensão renal foi estudado com 6-hidroxidopamina e sugeriu-se que o sistema nervoso simpático funcional era importante no desenvolvimento da hipertensão renal em ratos (115,116). Gulati e colaboradores estudaram o mecanismo de ação anti-hipertensiva da guanetidina e apoiaram a hipótese de uma ligação colinérgica na transmissão simpática (117, 118).

Dhar e colaboradores isolaram uma série de alcalóides do *Croton sparsiflorus morong* e relataram que a N-metilcrotsparina produzia uma hipotensão moderada em cães anestesiados. Um derivado deste alcaloide, a N-metilapocrotsparina, produziu uma hipotensão acentuada devido às suas acções centrais e periféricas (119, 120).

DIVERSOS

Quimioterapia

As plantas que contêm berberina, como *a Berberis aristata*, são utilizadas há muito tempo no sistema médico indiano como estomacal, tónico amargo e no tratamento da lepra, da mordedura de cobra e da iterícia (121). Dutta & Panse (122) verificaram que o efeito da berberina na cólera experimental era comparável ao do cloranfenicol (123). Foi também relatado que o alcaloide possui atividade antibacteriana contra uma grande variedade de microrganismos, como fungos, *Vibrio cholerae* e *Entamoeba histolytica* (124-130). Também protegeu os coelhos das toxinas colerogénicas (131). Desai et al (132) estudaram as acções citotóxicas de *Abrusprecatorius* e relataram que o extrato de sementes produziu aberrações cromossómicas em ciliados (133-135).

Entre os agentes antifilariais sintetizados, a 3-etil-8-metil-l,3,8-triazabicina- clo(4,4,0)decan-2-ona foi considerada mais eficaz do que a dietilcarbamazina em ratos de algodão (136). Rao & Narasimharao (137) isolaram a champamicina B de *Strep tomyces champavatii,* que protegeu ratos de doses subletais de *Candida albicans.*

Medicamentos anti-inflamatórios

Estudos para determinar a associação da histamina, da 5-HT (138, 139) e da AC (140, 141) com o processo inflamatório revelaram que apenas a histamina ou a 5-HT podem estar envolvidas no processo nas fases exsudativa e reparadora da resposta (138). A reserpina, que depletava a 5-HT, antagonizava o processo inflamatório (139). Estudos realizados sobre a atividade anti-inflamatória de um grande número de substâncias obtidas a partir de produtos naturais mostraram que os triterpenóides, as saponinas, os flavonóides, o ácido β-glicirrénico, a β-amirina e a curcuma (142-148) possuíam uma ação anti-inflamatória moderada. Entre os flavonóides, a taxifolina, isolada da *Madhuca butyracea,* possui uma potente atividade anti-inflamatória (149).

Atividade antidiabética

Na Índia, várias ervas têm sido utilizadas no sistema de medicina indígena para o tratamento da diabetes mellitus. Na década de 1960, os farmacologistas indianos fizeram um grande esforço para determinar a sua eficácia e a base farmacológica da sua utilização. Foi relatado que *Ficus bengalensis* Linn continha três compostos flavonóides, cada um com uma ação hipoglicémica em coelhos em jejum (150-152). Os extractos de várias outras plantas, tais como *Gymnema sylvestre* (153), *Vinca rosea, Cassia auriculata, Eugenia jambolana* (154) e *Momordica charantia* (155), demonstraram possuir propriedades semelhantes. O facto de estes investigadores terem praticamente desistido de mais investigações sobre estes materiais indica o baixo grau de propriedade de redução do açúcar no sangue que possuem.

Agentes antifertilidade

Anand e colaboradores sintetizaram uma série de furanos (156), benzofuranos (156- 158), arilofenonas (159-163), cumarinas, cromanos e cromenos (164) e relataram atividade antiimplantação em muitos deles. O composto mais eficaz foi o 3, 4√r<m-2, 2-dimetil-3-fenil-l, 4-(/7-β-pirrolidinoetoxifenil)-7-metil- oxicromano (164). Uma dose oral única administrada postcoitum impediu completamente a conceção em ratinhos, ratos, cães e macacos (165).

Simpaticomiméticos

A ação simpaticomimética da acetilcolina na membrana nictitante do cão (117) e do íleo do rato (166) foi demonstrada por Gulati e colaboradores. Esta ação foi bloqueada por agentes bloqueadores dos neurónios adrenérgicos e regenerada por simpaticomiméticos de ação indireta (167, 168), tetrodotoxina e NE (118). Esses trabalhadores também relataram a atividade bloqueadora α-adrenérgica dos bloqueadores Д (169) e a ação excitatória da tiramina no cordão umbilical humano (170).

Em conclusão, pode afirmar-se categoricamente que a farmacologia tem vindo a desenvolver-se de forma constante na Índia durante os últimos doze anos e que um maior número de farmacologistas do que antes tende a especializar-se em domínios específicos. Está a ser realizado um trabalho mais intensivo no SNC do que noutros domínios. Os estudos comportamentais também encontraram o seu lugar na farmacologia indiana.

O custo dos medicamentos modernos, em termos da capacidade de ganho das massas da Índia, continua a ser elevado e está a aumentar todos os anos. Os esforços intensivos envidados para descobrir novos e potentes medicamentos a partir de uma pletora de drogas vegetais, empregues empiricamente no sistema indígena de medicamentos, têm sido até agora pouco compensadores. Este facto torna a situação desesperada. O homem comum na Índia não está interessado na descoberta de um novo fármaco num país ocidental, porque isso estará para além das suas possibilidades. Por exemplo, não está à espera de uma cura milagrosa para o cancro. Atualmente, desafia os farmacologistas indianos a descobrirem medicamentos eficazes e baratos, para que o seu sofrimento seja aliviado a baixo custo. A necessidade é tão urgente que é lógico esperar que, nos próximos anos, os farmacologistas indianos, em colaboração com químicos, bioquímicos e médicos, se dediquem à procura de agentes menos dispendiosos, facilmente disponíveis, com propriedades antifertilidade, antiamoébicas e anti-helmínticas de largo espetro, com baixos efeitos secundários e que possam ser fabricados a partir de matérias-primas disponíveis no país. Se eles responderão a esses desafios e se treinarão para resolver esses problemas nacionais é uma questão de conjetura.

Reconhecimentos

Os autores agradecem ao Sr. S. K. Kulkarni e ao Sr. N. K. Gurbani pelo seu valioso apoio na preparação do manuscrito.

Literatura citada

1. Mukerji, B., De, N. N., Kohli, J. D. 1962. *Ann. Rev. Pharmacol.* 2:17-30

2. Dandiya, P. C., Bapna, J. S. 1968. *East. Pharm.* 11:29-35

3. Dandiya, P. C., Chopra, Y. M. 1970. *Indian J. Pharm.* 2:67-90

4. Sharma, S. 1971. *Progr. Drug. Res.* 15: 11-67

5. Baxter, R. M., Dandiya, P. C., Kandel, S. I., Okany, A., Walker, G. C. 1960. *Nature* 185:466-67

6. Menon, M. K., Dandiya, P. C. 1967. *J. Pharm. Pharmacol.* 19:170-75

7. Sharma, J. D., Dandiya. P. C. 1962. *Arch. Int. Pharmacodyn.* 137:218-30

8. Dandiya, P. C., Menon, M. K. 1964. *J. Pharmacol. Exp. Ther.* 145:42-46

9. Dandiya, P. C., Menon, M. K. 1965. *Life Sci.* 4:1635-41

10. Dandiya, P. C., Sharma, J. D. 1962. *In- .dian J. Med. Res.* 50:46-60

II. Sharma, J. D.. Dandiya, P. C., Baxter, R. M., Kandel, S. I. 1961. *Nature* 192: 1299-1300

12. Dandiya, P. C., Menon, M. K. 1963. *Brit. J. Pharmacol.* 20:436-42

13. Chak, I. M., Sharma, J. N. 1965. *Indian J. Exp. Biol.* 3:252-54

14. Menon, M. K., Dandiya, P. C., Bapna, J. S. 1967. *J. Pharmacol. Exp. Ther.* 156:63-69

15. Menon, M. K., Dandiya, P. C. 1967. *J. Pharm. Pharmacol.* 19:596-602

16. Das, P. K., Malhotra, C. L., Dhalla, N. S. 1962. *Arco. I nt. Pharmacodyn.* 135: 167-77

17. Dandiya, P. C., Sharma, P. K., Menon, M. K. 1962. *Indian J. Med. Res.* 50: 750-60

18. Sheth, N. A., Dadkar, N. K., Sheth, U. K., Deliwala, C. V., Petigara, R. B. 1969. *Indian J. Pharmacol.* 1:33-49

19. Menon, M. K., Dandiya, P. C. 1963. *Indian J. Med. Res.* 51:1037-47

20. Sogani, S. K., Dandiya, P. C. 1965. *J. Med. Chem.* 8:139-40

21. Sogani, S. K., Menon, M. K., Dandiya, P. C. 1965. *Indian J. Pharm.* 27:173-76

22. Sharma, P. K., Dandiya, P. C., Bose, B. C., Vijayvargiya, R. 1965. *Indian J. Med. Res.* 53:1191-95

23. Hemnani, K. L., Menon, M. K., Dandiya, P. C. 1966. *Indian J. Pharm.* 28: 292-96

24. Dandiya, P. C., Hemnani, K. L., Sharma, H. L. 1966. *Indian J. Physiol. Pharmacol.* 10:153-61

25. Chaturvedi, A. K., Chaudhari, A., Parmar, S. S. 1972. *J. Pharm. Sci.* 61:1157

26. Dandiya, P. C., Menon, M. K., Hemnani, K. L., Chandra, S. 1966. *Proc. Recent Advan. Pharm. ScL,* Chandigarh 62-72

27. Petigara, R. B., Deliwala, C. V., Man- drekar, S. S., Dadkar, N. K., Sheth, U. K. 1969. *J. Med. Chern.* 12:865- 70

28. Sharma, P. K., Menon, M. K., Dandiya, P. C. 1964. *J. Pharm. Sci.* 53: 1055-58

29. Chandra, S., Dandiya, P. C. 1970. *Indian J. Hosp. Pharm.* 7:151-55

30. Chandra, S.. Sharma, P. K., Varma, R. R., Dandiya, P. C. 1969. *Indian J. Pharm.* 31:91-94

31. Chandra, S., Dandiya, P. C., Mital, R. L., Bapna, J. S. 1969. *Indian J. Hosp. Pharm.* 6:238-44

32. Chandra, S., Dandiya, P. C. 1969. *Can. J. Chem.* 47:3704-5

33. Mishra, A. K. 1971. *Preparação e triagem farmacológica de alguns derivados mais recentes de hidantoína e 2 · tiohidantoína.* Tese de doutorado. Univ. Rajasthan, Jaipur, Índia

34. Dandiya, P. C. 1970. *Indian J. Physiol. Pharmacol.* 14:87-94

35. Malhotra, C. L., Mehta, V. L., Prasad, K., Das, P. K. 1965. *Indian J. Physiol. Pharmacol.* 9:8-15

36. Kulshrestha, D. K., Rastogi, R. P. 1972. *Proc. VIIIInt. Symp. Chem. Natural Prod.* 190

37. Malhotra, C. L., Das, P. K., Dhalla, N. S. 1960. *Arch. Int. Pharmacodyn.* 129: 290-302

38. Malhotra, C. L., Prasad, K., Dhalla, N. S., Das, P. K. 1961. *J. Pharm. Pharmacol.* 13:447-49

39. Bhide, N. K. 1962. *Brit. J. Pharmacol.* 18:7-18

40. Arora, R. B. 1965. *Indian Council Med. Res. Suppl. Rep.* 51

41. Arora, C. K., Arora, R. B., Sheth, U. K., Shah, M. J. 1967. *Indian J. Med. Sci.* 21:455-60

42. Arora, R. B., Chatterji, A. K., Gupta, R. D., Arora, C. K., Tondon, P. N. 1966. *CSIR Symp. CNS Drugs.* 118

43. Dandiya, P. C., Gupta, B. D., Gupta, M. L., Patni, S. K. 1969. *Psychophar- macologia* 15:333-40

44. Dandiya, P. C., Gupta, B. D., Gupta, M. L. 1970. *Indian J. Med. Res.* 58: 487-94

45. Dandiya, P. C., Gupta, B. D., Gupta, M. L. 1970. *Pharmakopsychiat. Neuro Psychopharmakologie* 3:349-54

46. Gupta, B. D., Dandiya, P. C., Gupta, M. L., Gabba, A. K. 1971. *Eur. J. Pharmacol.* 13:341-46

47. Gupta, B. D., Dandiya, P. C., Gupta, M. L. 1971. *Jap. J. Pharmacol.* 21: 293-98

48. Kulkarni, S. K., Dandiya, P. C. 1972. *Psychopharmacologia* 27:367-72

49. Dandiya, P. C., Patni, S. K. 1973. *Indian J. Med. Res.* 61:891-95

50. Sethy, V. H., Naik, S. R., Sheth, U. K. 1967. *Indian J. Med. Sci.* 21:109-11

51. Sethy, V. H., Naik, P. Y., Sheth, U. K. 1970. *Psychopharmacologia* 18:19-25

52. Bapna, J. S., Dandiya, P. C. 1970. *Psychopharmacologia* 17:361-66

53. Menon, M. K., Dandiya, P. C., Bapna, J. S. 1967. *Psychopharmacologia* 10: 437-44

54. Chopra, Y. M., Dandiya, P. C. 1969. *Arch. Int. Pharmacodyn.* 181:47-56

55. Bapna, J. S., Dandiya, P. C. 1972. *Pharmakopsychial. Neuro Psychopharmakoi.* 5:241-48

56. Dandiya, P. C., Bhargava, L. P. 1968. *Arch. Int. Pharmacodyn.* 176:157-67

57. Patni, S. K., Dandiya, P. C. 1972. *Jap. J. Pharmacol.* 22:301-8

58. Dandiya, P. C., Varma, R. R., Sogani, R. K., Khuteta, K. P. 1967. *J. Pharm. Sci.* 56:300-1

59. Varma, R. R., Khuteta, K. P., Dandiya, P. C. 1968. *Psychopharmacologia* 12: 170-75

60. Menon, M. K., Dandiya, P. C. 1969. *Eur. J. Pharmacol.* 8:285-91

61. Sharma, V. N., Godhwani, J. L. 1970. *Indian J. Med. Res.* 58:1063-72

62. Godhwani, J. L., Sharma, V. N. 1970. *Indian J. Med. Res.* 58:1728-35

63. Prabhu, S., Sharma, V. N., Singh, V. 1972. *Brit. J. Pharmacol.* 44:814-16

64. Pohujani, S. M., Chittai, S. M., Raut, V. S., Sheth, U. K. 1969. *Indian J. Med. Res.* 57:1081-86

65. *Ibid.* 57:1087-90

66. *Ibid.* 57:1091-94

67. Sethy, V. H., Pradhan, R. J., Mandre- kar, S. S., Sheth, U. K. 1970. *Indian J. Med. Res.* 58:1453-58

68. Sethy, V. H., Pradhan, R. J., Mandre- kar, S. S., Sheth, U. K. 1970. *Psychopharmacologia* 17:320-26

69. Sethy, V. H., Naik, S. R., Sheth, U. K. 1971. *Psychopharmacologia* 19:73-80

70. Dhasmana, K M., Dixit, K. S., Jaju, B. P., Gupta, M. L. 1972. *Psychopharmacologia* 24:380-83

71. Sinha, J. N., Dixit, K. S., Srimal, R. C., Chandra, O., Bhargava, K. P. 1966. *Arch. Int. Pharmacodyn.* 162:79-83

72. Sinha, J. N., Jaju, B. P., Srimal, R. C. 1966. *Jap. J. Pharmacol.* 16:250-56

73. Bhargava, K. P., Rastogi, S. K., Sinha, J. N. 1972. *Brit. J. Pharmacol.* 44: 805-6

74. Bhargava, K. P., Dixit, K, S. 1968. *Brit. J. Pharmacol.* 34:508-13

75. Bhargava, K. P., Dixit, K. S., Gupta, G. P. 1967. *Brit. J. Pharmacol.* 29:37-41

76. Gupta, G. P., Dhawan, K. N., Sinha, J. N. 1968. *Jap. J. Pharmacol.* 18:266-67

77. Gupta, G. P., Saxena, R. C., Chandra, O., Dhawan, K. N. 1969. *Psychopharmacologia* 15:255-59

78. Singh, N., Kulshrestha, V. K., Gupta, M. B., Bhargava, K. P. 1970. *Indian J. Med. Res.* 58:103-9

79. Haranath, P. S. R. K., Sunanda-Bai, K., Venkatakrishna-Bhatt, H. 1967. *Brit. J. Pharmacol.* 29:42-54

80. Haranath, P. S. R. K., Indiranarayan, G. 1971. *Indian J. Physiol. Pharmacol.* 15:59-60

81. Haranath, P. S. R. K., Venkatakrishna-Bhatt, H. 1972. *Indian J. Med. Res.* 60:1682-88

82. Haranath, P. S. R. K., Venkatakrishna-Bhatt, H. 1971. *Indian J. Physiol. Pharmacol.* 15:58-59

83. Haranath, P. S. R. K., Shyama- lakumari, S., Devasankaraiah, G. 1971. *Indian J. Physiol. Pharmacol.* 15:59

84. Draskoci, M., Feldberg, W., Haranath, P. S. R. K. 1960. *J. Physiol. Londres* 150:34-49

85. Haranath, P. S. R. K., Premalatha, K., Sunanda-Bai, K. 1966. *Brit. J. Pharmacol.* 27:10-16

86. Haranath, P. S. R. K., Devasankaraiah, G., Krishnamurty, A. 1971. *Indian J. Pharmacol.* 3:41

87. Singh, K. P., Sharma, V. N. 1969. *Arch. Int. Pharmacodyn.* 177:168-78

88. Singh, K. P. 1968. *Arch. Int. Pharmacodyn.* 172:475-86

89. Singh, K. P. 1969. *Indian J. Physiol. Pharmacol.* 13:223-32

90. Arora, R. B., Bagchi, N., Sharma, J. N.

1967. *Indian J. Med. Res.* 55:389-95

91. Madan, B. R., Madan, V., Pendse, V. K., Gupta, R. S. 1970. *Arch. Int. Pharmacodyn.* 185:53-65

92. Sharma, V. N., Vyas, D. S., Madan, B. R. 1968. *Indian J. Med. Res.* 56:871-78

93. Madan, B. R. 1971. *Brit. J. Pharmacol.* 43:279-86

94. Madan, B. R., Jain, B. K., Gupta, R. S.

1971. *Arq. Int. Pharmacodyn.* 194; 78-82

95. Singh, N. et al 1970. *Jap. J. Pharmacol.* 20:467-72

96. Sharma, P. L. 1967. *Indian J. Med. Res.* 55:1357-65

97. Manekar, M. S., Rajapurkar, M. V. 1967. *Arch. Int.*

Pharmacodyn. 168: 109-15

98. Madan, B. R., Mishra, S. N., Khanna, N. K. 1969. *Arch. Int. Pharmacodyn.* 182:121-29

99. Madan, B. R., Gupta, R. S. 1969. *Arch. Int. Pharmacodyn.* 178:43-52

100. Madan, B. R., Khanna, N. K., Soni, R. K. 1970. *J. Pharm. Pharmacol.* 22:621

101. Dutta, S. N., Sanyal, R. K., Tripathi, O. N. 1969. *Brit. J. Pharmacol.* 36:380-85

102. Bhargava, K. P., Kohli, R. P., Sinha, J. N., Tayal, G. 1969. *Brit. J. Pharmacol.* 36:240-52

103. Madan, B. R., Khanna, N. K., Godh- wani, J. L., Pendse, V. K. 1969. *Indian J. Physiol. Pharmacol.* 13:233-37

104. Khanna, N. K. 1972. *Eur. J. Pharmacol.* 17:309-11

105. Arora, R. B., Sharma, J. N., Bhatia, M. L. 1967. *Indian J. Exp. Biol.* 5:31-36

106. Singh, B., Rastogi, R. P. 1969. *Indian J. Chem.* 7:1105-10

107. Singh, B., Rastogi, R. P. 1972. *Phytochemistry* 11:757 62

108. Kohli, R. P., Singh, N., Kulshrestha, V. K., Srivastava, R. K. 1969. *J. Res. Indian Med.* 4:54-57

109. Singh, N., Kulshrestha, V. K., Kohli, R. P. 1970. *J. Res. Indian Med.* 5:32-37

110. Srimal, R. C., Jaju, B. P., Sinha, J. N., Dixit, K. S., Bhargava, K. P. 1969. *Eur. J. Pharmacol.* 5:239-44

111. Sinha, J. N., Gupta, M. L., Bhargava, K. P. 1969. *Eur. J. Pharmacol.* 5: 235-38

112. Dhawan, K. N., Dhawan, B. N., Gupta, G. P. 1967. *Jap. J. Pharmacol.* 17: 435-38

113. Bhargava, K. P., Mishra, N., Tangri, K. K. 1972. *Brit. J. Pharmacol.* 45:596- 602

114. Srivastava, R. K., Kulshrestha, V. K., Singh, N., Bhargava, K. P. 1973. *Eur. J. Pharmacol.* 21:222-29

115. Grewal, R. S., Kaul, C. L. 1971. *Brit. J. Pharmacol.* 42:497-504

116. Gupta, P. P., Srimal, R. C., Dhawan, B. N. 1972. *Eur. J. Pharmacol.* 20:215-23

117. Arya, P. C., Gulati, O. D. 1968. *Brit. J. Pharmacol.* 33:413-25

118. Gulati, O. D., Jaykar, S. 1971. Brit. J. Pharmacol. 42:352-63

119. Bhakuni, D. S., Dhar, M. M. 1968. *Ex- perientia* 24:10-11

120. Bhakuni, D. S., Sheo, S., Dhar, M. M. 1970. *Phytochemistry* 9:2573-80

121. Chopra, R. N., Dikshit, B. B., Chowhan, J. S. 1932. *Indian Med. Gaz.* 67: 194-97

122. Dutta, N. K., Panse, M. V. 1962. *Indian J. Med. Res.* 50:732-36

123. Lahiri, S. C., Dutta, N. K. 1967. *J. Indian Med. Assoc.* 48:1-11

124. Subbaiah, T. V., Amin, A. H. 1967. *Natureza* 215:527-28

125. Amin, A. H., Subbaiah, T. V., Abbasi, K. M. 1969. *Can. J. Microbiol.* 15: 1067-76

126. Dutta, N. K., Iyer, S. N. 1968. *J. Indian Med. Assoc.* 50:349-52

127. Modak, S., Modak, M. J., Venkatara- man, A. 1970. *Indain J. Med. Res.* 58: 1510-22

128. Sharada, D. C. 1970. *J. Indian Med.*

129. Sabir,' M., Bhide, N. K. 1971. *Indian J. Physiol. Pharmacol.* 15:111-32

130. Kulkarni, S. K., Dandiya, P. C., Varan- dani, N. L.

1972. *Jap. J. Pharmacol.* 22:11-16

131. Dutta, N. K., Marker, P. H., Rao, N. R. 1972. *Brit. J. Pharmacol.* 44:153-59

132. Desai, V. B., Sirsi, M., Shankarappa, M., Kasturibai, A. R. 1971. *Indian J. Exp. Biol.* 9:369-71

133. Desai, V. B., Sirsi, M., Shankarappa, M., Kasturibai, A. R. 1966. *Indian J. Exp. Biol.* 4:164-66

134. Desai, V. B., Sirsi, M. 1966. *Indian J. Pharm.* 28:164-65

135. Reddy, V. V. Subba, Sirsi, M. 1969. *Cancer Res.* 29:1447-51

136. Saxena, R., Iyer, R. N., N. Anand, Chatterjee, R. K., Sen, A. B. 1970. *J. Pharm. Pharmacol.* 22:306-7

137. Rao, K., Narasimharao, P. L. 1967. *Indian J. Exp. Biol.* 5:39-43

138. Bhatt, K. G. S., Sanyal, R. K. 1963. *J. Pharm. Pharmacol.* 15:78-79

139. Ibid. 1964. 16:385-93

140. Bhalla, T. N., Sinha, J. N., Tangri, K. K., Bhargava, K. P. 1970. *Eur. J. Pharmacol.* 13:90-96

141. Ibid. 1972. 20:366-68

142. Tangri, K. K., Seth, P. K., Parmar, S.

S., Bhargava, K. P. 1965. *Biochem. Pharmacol.* 14:1277-81

143. Tangri, K. K., Bhalla, T. N., Gupta, M.

B., Seth, P. K., Bhargava, K. P. 1969. *Aspectos Aller. Appl. Immunol. 2:*151-60

144. Bhargava, K. P., Gupta, M. B., Gupta, G. P., Mitra, C. R. 1970. *Indian J. Med. Res.* 58:724-30

145. Gupta, M. B., Bhalla, T. N., Gupta, G. P., Mitra, C. R., Bhargava, K. P. 1969. *Eur. J. Pharmacol.* 6:67-70

146. Gupta, M. B., Gupta, G. P., Tangri, K. K., Bhargava, K. P. 1969. *Biochem. Pharmacol.* 18:531-32

147. Gupta, M. B., Bhalla, T. N., Tangri, K. K., Bhargava, K. P. 1971. *Biochem. Pharmacol.* 20:401-5

148. Arora, R. B., Basu, N., Kapoor, V., Jain, A. P. 1971. *Indian J. Med. Res.* 59:1289-95

149. Gupta, M. B., Bhalla, T. N., Gupta, G. P., Mitra, C. R., Bhargava, K. P. 1971. *Jap. J. Pharmacol.* 21:377-82

150. Brahmachari, H. D., Augusti, K. T. 1962. *J. Pharm. Pharmacol.* 14:617

151. Brahmachari, H. D., Aususti, K. T.

1964. *Indian J. Physiol. Pharmacol.* 8: 60-64

152. Gupta, S. S. 1966. *Indian J. Med. Res.* 54:354

153. Gupta, S. S., Variyar, M. C. 1964. *Indian J. Med. Res.* 52:200-7

154. Shrotri, D. S., Kelkar, M., Deshmukh, V. K., Aiman, R. 1963. *Indian J. Med. Res.* 51:464-67

155. Chatterjee, K. P. 1963. *Indian J. Physiol. Pharmacol.* 7:240-44

156. Grover, P. K., Chawla, H. P. S., Anand, N., Kamboj, V. P., Kar, A. B. 1965. *J. Med. Chem.* 8:720-21

157. Rastogi, S. N., Anand, N., Prasad, C.' R. 1972. *J. Med. Chem.* 15:286-91

158. Chawla, H. P. S., Grover, P. K., Anand, N., Kamboj, V. P., Kar, A. B. 1970. *J. Med. Chem.* 13:54-59

159. Iyer, R. N., Gopalachari, R. 1966. *Indian J. Chem.* 4:520-23

160. Iyer, R. N., Gopalachari, R., Kamboj, V. P., Kar, A. B. 1967. *Indian J. Exp. Biol.* 5:169-70

161. Iyer, R. N., Gopalachari, R. 1969. *Indian J. Pharm.* 31:49-54

162. Gopalachari, R., Iyer, R. N., Kamboj, V. P., Kar, A. B. 1970. *Contraception* 2:199

163. Gopalachari, R., Iyer, R. N. Kamboj, V. P., Kar, A. B. 1971. *Indian J. Exp. Biol.* 9:104-5

164. Ray, S., Grover, P. K., Anand, N. 1970. *Indian J. Chem.* 8:96163

165. Kamboj, V. P., Kar, A. B., Ray, S., Grover, P. K., Anand, N. 1971. *Indian J. Exp. Biol.* 9:103-4

166. Gokhale, S. D., Gulati, O. D., Panchai, D. I. 1967. *Brit. J. Pharmacol.* 30:3545

167. Gokhale, S. D., Gulati, O. D., Udwadia, B. P. 1966. *Arch. Int. Pharmacodyn.* 160:321-29

168. Gulati, O. D., Dave, B. T., Gokhale, S. D., Shah, K. M. 1966. *J. Clin. Pharmacol. Ther.* 7:510-14

169. Gulati, O. D., Gokhale, S. D., Parikh, H. M., Udwadia, B. P., Krishnamurthy, V. S. R. 1969. *J. Pharmacol. Exp. Ther.* 166:35-43

170. Gulati,.O. D., Kelkar, V. V. 1971. *Brit. J. Pharmacol.* 42:155-58

O Epílogo

A minha viagem pela Farmacologia, que começou há 73 anos na Universidade Hindu de Banaras em 1943, foi longa, viva, estimulante e intensa. Permitiu-me interagir com um grande número de professores, almas nobres que me abraçaram com tanto amor, afeto e paixão que tentei imbuir algum do seu carácter no meu percurso de vida. Mais tarde, muitos dos que vieram ter comigo como alunos trabalharam comigo durante muitos anos, por vezes, até mais de meio século. Tornaram-se a minha família e são eles que permitem que a minha vida siga em frente, mesmo com os 91 anos que tenho atualmente. É quase inacreditável, mas é verdade.

MIX
Papier aus verantwortungsvollen Quellen
Paper from responsible sources
FSC® C105338

Printed by Books on Demand GmbH, Norderstedt / Germany